空间碎片学术著作丛书

航天器空间碎片防护工程

韩增尧 闫 军 等 著

科学出版社

北京

内 容 简 介

本书系统论述了航天器空间碎片防护工程涉及的核心内容,主要包括:空间碎片防护概述、空间碎片撞击风险评估方法及工具开发、风险评估所需的撞击极限方程及防护结构优化方法、空间碎片撞击引起的航天器系统及部组件易损性分析方法和工具、国内外航天器开展的空间碎片防护实践。

本书适合从事航天工程大总体设计、航天器系统总体设计、分系统设计及空间碎片防护研究和试验的科研人员使用,也可供航天飞行器设计专业及空间碎片专业研究生和教师参考。

图书在版编目(CIP)数据

航天器空间碎片防护工程 / 韩增尧等著. —北京:
科学出版社,2024.1
  (空间碎片学术著作丛书)
  ISBN 978 - 7 - 03 - 077144 - 5

  Ⅰ.①航…　Ⅱ.①韩…　Ⅲ.①太空垃圾—垃圾处理—
研究　Ⅳ.①X738

中国国家版本馆 CIP 数据核字(2023)第 233490 号

责任编辑:徐杨峰 / 责任校对:谭宏宇
责任印制:黄晓鸣 / 封面设计:殷　靓

科 学 出 版 社 出版
北京东黄城根北街 16 号
邮政编码:100717
http://www.sciencep.com

南京展望文化发展有限公司排版
苏州市越洋印刷有限公司印刷
科学出版社发行　各地新华书店经销

*

2024 年 1 月第 一 版　开本:B5(720×1000)
2024 年 1 月第一次印刷　印张:14 3/4　插页 10
字数:313 000

定价:150.00 元
(如有印装质量问题,我社负责调换)

航天器空间碎片防护工程
编写组

组　长

韩增尧

副组长

闫　军

组　员

（按姓名汉语拼音排序）

韩增尧　王俊峰　武江凯　闫　军
于　伟　袁俊刚　郑建东　郑世贵

丛书序

空间碎片是指地球轨道上的或重返大气层的无功能人造物体,包括其残块和组件。自 1957 年苏联发射第一颗人造地球卫星以来,经过 60 多年的发展,人类的空间活动取得了巨大的成就,空间资产已成为人类不可或缺的重要基础设施。与此同时,随着人类探索、开发和利用外层空间的步伐加快,空间环境也变得日益拥挤,空间活动、空间资产面临的威胁和风险不断增大,对人类空间活动的可持续发展带来不利影响。

迄今,尺寸大于 10 cm 的在轨空间碎片数量已经超过 36 000 个,大于 1 cm 的碎片数量超过百万,大于 1 mm 的碎片更是数以亿计。近年来,世界主要航天国家加速部署低轨巨型卫星星座,按照当前计划,未来全球将部署十余个巨型卫星星座,共计超过 6 万颗卫星,将大大增加在轨碰撞和产生大量碎片的风险,对在轨卫星和空间站的安全运行已经构成现实性威胁,围绕空间活动、空间资产的空间碎片环境安全已日益成为国际社会普遍关注的重要问题。

发展空间碎片环境治理技术,是空间资产安全运行的重要保证。我国国家航天局审时度势,于 2000 年正式启动“空间碎片行动计划”,并持续支持到今。发展我国独立自主的空间碎片环境治理技术能力,需要从开展空间碎片环境精确建模研究入手,以发展碎片精准监测预警能力为基础,以提升在轨废弃航天器主动移除能力和寿命末期航天器有效减缓能力为关键,以增强在轨运行航天器碎片高效安全防护能力为重要支撑,逐步稳健打造碎片环境治理的“硬实力”。空间碎片环境治理作为一项人类共同面对的挑战,需世界各国联合起来共同治理,而积极构建空间交通管理的政策规则等“软实力”,必将为提升我国在外层空间国际事务中的话语权、切实保障我国的利益诉求提供重要支撑,为太空人类命运共同体的建设做出重要贡献。

在国家航天局空间碎片专项的支持下,我国在空间碎片领域的发展成效明显,技术能力已取得长足进展,为开展空间碎片环境治理提供了坚实保障。自 2000 年正式启动以来,经过 20 多年的持续研究和投入,我国在空间碎片监测、预警、防护、减缓方向,以及近些年兴起的空间碎片主动移除、空间交通管理等研究方向,均取得了一大批显著成果,在推动我国空间碎片领域跨越式发展、夯实空间碎片环境治理基础的同时,也有效支撑了我国航天领域的全方位快速发展。

为总结汇聚多年来空间碎片领域专家的研究成果、促进空间碎片环境治理发展,2019 年,"空间碎片学术著作丛书"专家委员会联合科学出版社围绕"空间碎片"这一主题,精心策划启动了空间碎片领域丛书的编制工作。组织国内空间碎片领域知名专家,结合学术研究和工程实践,克服三年疫情的种种困难,通过系统梳理和总结共同编写了"空间碎片学术著作丛书",将空间碎片基础研究和工程技术方面取得的阶段性成果和宝贵经验固化下来。丛书的编写体现学科交叉融合,力求确保具有系统性、专业性、创新性和实用性,以期为广大空间碎片研究人员和工程技术人员提供系统全面的技术参考,也力求为全方位牵引领域后续发展起到积极的推动作用。

丛书记载和传承了我国 20 多年空间碎片领域技术发展的科技成果,凝结了众多专家学者的智慧,将是国际上首部专题论述空间碎片研究成果的学术丛书。期望丛书的出版能够为空间碎片领域的基础研究、工程研制、人才培养和国际交流提供有益的指导和帮助,能够吸引更多的新生力量关注空间碎片领域技术的发展并投身于这一领域,为我国空间碎片环境治理事业的蓬勃发展做出力所能及的贡献。

感谢国家航天局对于我国空间碎片领域的长期持续关注、投入和支持。感谢长期从事空间碎片领域的各位专家的加盟和辛勤付出。感谢科学出版社的编辑,他们的大胆提议、不断鼓励、精心编辑和精品意识使得本套丛书的出版成为可能。

"空间碎片学术著作丛书"专家委员会

2023 年 3 月

前　言

随着人类进入太空步伐的不断加快,空间碎片的数量也呈现高速增长的态势,对在轨航天器的安全造成越来越严重的威胁。大量的证据表明,航天器遭遇微小空间碎片撞击是不可避免的,也是航天器在设计中必须加以认真对待和妥善处理的重要问题。长期以来,国内外学者和工程人员围绕空间碎片防护开展了大量的分析、实验及工程应用研究,在多个方面取得显著进展,为保障国际空间站、中国空间站等航天器的安全发挥了重要作用。

相比载人航天器,在轨卫星的数量更多,遭遇空间碎片撞击的概率更高,需要引起设计人员的高度关注,利用较小的设计代价即可大幅提高航天器的空间碎片防护能力,从而提升卫星或卫星星座的安全性。

本书主要作者均来自航天器总体研制单位,具有丰富的航天器工程研制经验,在空间碎片防护分析、设计和试验研究方面开展了系统深入研究,自"十五"以来,先后得到国家国防科技工业局空间碎片研究专项多个重点项目的支持,突破一系列关键技术,开发成功空间碎片风险评估软件系统,针对天宫一号及后续载人航天器开展了防护结构设计和应用,并得到成功验证。本书系统提炼了项目研制过程中的技术和创新成果,并适当综合了国内外在该领域的主要进展,是一部专业和工程结合的科技著作。

本书主要由中国空间技术研究院相关专业人员撰写。全书共6章:第1章由韩增尧研究员撰写;第2章由郑世贵研究员撰写;第3章由袁俊刚研究员、郑建东博士撰写;第4章由武江凯高级工程师、韩增尧研究员撰写;第5章由韩增尧研究员、王俊峰博士撰写;第6章由闫军研究员、于伟高级工程师撰写。全书由韩增尧研究员统稿。

感谢中国空间技术研究院曲广吉研究员的长期指导,感谢中国空间技术研究院李明研究员、哈尔滨工业大学庞宝君教授及中国空气动力研究与发展中心黄洁研究员对本书研究工作的支持和帮助,感谢王俊峰博士为本书编辑工作付出的辛勤劳动。

限于作者水平,书中难免存在疏漏和不当之处,敬请读者批评指正。

韩增尧

2023 年 3 月于北京

目　录

第2章　空间碎片撞击风险评估

第3章　空间碎片撞击极限方程及防护结构优化设计

彩　　图

第 1 章
空间碎片防护概述

自人类 1957 年将第一个人造物体成功送入地球轨道以来,航天活动已经变得越来越频繁,参与航天活动的国家和地区也越来越多,航天活动的范围也在太阳系内不断拓展。60 多年来,人类已经发射了上万个航天器,除少量深空探测器外,绝大部分航天器都围绕在地球轨道上运行。上述航天器连同将其送入轨道的运载器部分将会滞留在地球轨道上,留轨时间与自身的轨道参数有关,以数量最多的低轨航天器为例,多数留轨时间会在几年至几十年之间,部分甚至会超过一百年,对在轨工作的航天器构成严重威胁。

1.1 空间碎片防护的概念和范畴

机构间空间碎片协调委员会(Inter-Agency Space Debris Coordination Committee,IADC)为了统一用语,将这些"在地球轨道上或再入到大气层中的已失效的一切人造物体(包括它们的碎块和部件)"统称空间碎片(space debris)。除空间碎片外,在地球周围和行星际空间还会存在微流星体(micro-meteoroid),微流星体与彗星及小行星同源,也是在行星际空间中运动的固态粒子。微流星体的撞击速度最高可达 70 km/s,对地球同步轨道卫星和深空探测器的影响较为显著。因此,航天器在防护设计中须综合考虑空间碎片和微流星体的影响,为便于描述,本书统一用空间碎片一词。

空间碎片在轨道上运行的速度很高,在近地轨道的平均交会速度可达 10 km/s 以上,一旦相撞产生的破坏力非常大。美国国家航空航天局(National Aeronautics and Space Administration,NASA)空间碎片期刊报道,近 30 年来共确认 5 次卫星与编目物体发生碰撞事件[1]:1991 年 12 月 23 日,俄罗斯 Cosmos 1934 卫星与编目碎片 1977–062C 相撞,产生 3 个编目碎片;1996 年 7 月 24 日,法国樱桃色卫星与 1986–019RF 碎片相撞,卫星一度失去控制;2005 年 1 月 17 日,美国国防气象卫星上面级与 1999–057CV 碎片相撞,产生 7 个编目碎片;2009 年 2 月 11 日,美国商业通信卫星"铱星 33"与俄罗斯一颗废弃的"Cosmos 2251"军事侦察卫星在西伯利亚上空 789 km 高度相撞,撞击相对速度达 11.6 km/s,产生了 2 370 个地面可跟踪碎片,引起国际社会的强烈反响;2021 年 3 月 18 日,我国的云海卫星与俄罗斯 1996 年发射的运载火箭任务后碎片相撞造成解体,产生 37 块大碎片。这类地面可观测并跟踪的碎片通常称为"大碎片",其尺度一般在 5~10 cm 以上,地面的无线电及光学监测设备可以进行搜索、跟踪、测量和编目。截至 2021 年底,美国编目的空间碎片数量已经超过 24 000 个,图 1-1 给出自 1957 年航天活动以来大碎片的年度增长示意图[2]。随着地面监测设备能力的不断增强,空间碎片的编目数量将会越来越多,可编目空间碎片的尺度也会越来越小。对这类大碎片进行编目的主要目的是开展空间碎片的碰撞预警,提前预警空间碎片撞击在轨航天器的风险,必要时进行航天器规避操作,以保障航天器的安全。大碎片撞击将会造成航天器彻底解体,目前所有的在轨航天器不具备抵御大碎片撞击的防护能力,只能进行轨道机动予以规避,也称为"主动防护"。以国际空间站为例,1999 年为规避空间碎片首次进行轨道机动,截止到 2022 年 3 月,共执行规避操作 30 次[3]。

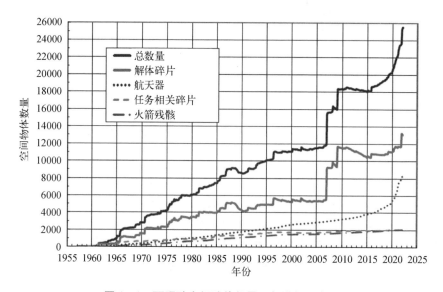

图 1-1　可跟踪空间碎片数量逐年增长示意图

除大碎片外,地球轨道上更多的是小碎片和微小碎片,因为这类碎片数量众多,航天器设计中必须予以考虑。虽然空间碎片的大小并没有一个严格的尺度,通常将数毫米至数厘米的空间碎片称为"小碎片",而将数毫米尺度以下的称为"微小碎片"。小碎片的数量数以百万、千万计,地面的监测设备难以监测和预警,相撞以后一般也会造成航天器失效或解体,航天器很难通过自身的结构进行抵御,因此,这类碎片被称为"危险碎片"。微小碎片的数量数以亿计,地面的监测设备不能监测和预警,撞击以后,可造成航天器结构或材料的损伤、部组件功能下降甚至失效,航天器采用必要的措施可以进行防护,也称为"被动防护"。

空间碎片防护是指为提高航天器抵御空间碎片撞击能力所开展的一系列活动,包括风险评估、防护设计和设计验证。如果不作特殊说明,本书中涉及的防护均属于被动防护的范畴。

1.2　空间碎片撞击实例

空间碎片撞击航天器的平均相对速度约 10 km/s,而微流星体撞击航天器的平均相对速度可达 19~22 km/s,如此高的撞击速度,其破坏力也是惊人的,因此,空间碎片目前被认为是引起航天器灾难性失效中概率最大的单一风险。大量的航天器地面遥测监测、在轨表面检测及返回地面检测表明,微小空间碎片的撞击随处可见,频率很高,而且随着航天活动日趋活跃,在轨解体事件频发,空间碎片的数量越来越多,威胁也越来越大,须引起航天器设计方和运营方高度关注。

1.2.1　航天器地面遥测遥控

正常运行的航天器一直处于地面测控系统的监测和控制之下,每当航天器在轨发生异常,可以通过航天器遥测得到的信息对其分析,找到潜在故障或失效原因。几十年来,航天器在轨非正常失效的例子很多,下面几个实例的异常或失效很大程度上源于空间碎片的撞击。

1994 年 3 月 14 日,美国的小型可消能展开系统(Small Expendable Deployer System,SEDS)绳系卫星在发射后不久即失效。绳系卫星与德尔塔火箭二级相连,入轨后展开长达 19.7 km 的绳系以验证该类卫星长期在轨稳定性及空间碎片撞击的风险。有证据表明,绳系很可能在展开后仅 3.7 天即被空间碎片切断,当德尔塔火箭二级两个月后陨落到地球大气层时,观测到火箭上面大约还有 7.2 km 长的绳系系留。

1994 年 9 月 5 日,美国空军的技术试验卫星 MSTI - 2(The Miniature Sensor Technology Integration - 2)提前失效,风险评估的结果认为有两种可能,一种可能是空间碎片击中金属电缆导致短路,还有一种可能是由于碎片撞击使得电缆表面 Teflon 涂层上产生放电从而导致航天器失效。

2011 年 6 月 12 日 18 时 52 分 31 秒,中国北斗二号导航星座的 IGSO - 2 卫星-Y 太阳电池阵分流电流从工作状态的 7.78A 瞬间降至 4.94A。针对该时刻遥测数据进行复查时发现,卫星偏航角自 18 时 52 分 27 秒开始出现波动,最大达到 0.12°,控制系统经过约 2 分钟自主控制后卫星姿态恢复正常,反作用轮转速趋于稳定。分析认为,IGSO - 2 卫星肯定受到了外力撞击,该外力最大可能是源于毫米级粒子以每秒数千米的速度撞击到太阳电池阵上。

2013 年 5 月 12 日,美国国家海洋和大气管理局静止轨道气象环境卫星

GOES - 13(Geostationary Operational Environmental Satellite 13)疑似遭遇空间碎片撞击,发生撞击后卫星每小时漂移近 2°。

2015 年 10 月 15 日 8 时 34 分,我国资源三号 01 星出现一侧太阳翼供电阵遥测异常,疑似遭遇空间碎片撞击,晚上 20 时 01 分充电阵遥测异常,卫星损失 50%的供电功率。

2016 年 1 月 22 日,俄罗斯用于激光测距的球镜卫星 BLITS - M 疑似遭遇空间碎片撞击,卫星的自旋速度从 10.7 r/min 加速到 28.6 r/min。

2016 年 8 月 23 日,欧空局"哥白尼"对地观测项目的"哨兵一号"(Sentinel - 1 A)卫星受到空间碎片撞击,卫星姿态发生了轻微变化,同时伴随着供电分系统供电电流的小幅下降。启用星上相机拍照显示,发生在太阳翼上的撞击留下了直径约 40 cm 的撞击损伤。

2020 年 4 月 10 日,我国高分五号 01 星出现供电问题,疑似遭遇空间碎片撞击,因卫星仅有一侧太阳翼,第二天断电造成整星失效。

1.2.2　航天器表面检测

虽然通过地面遥测和监测数据可以大致推测航天器遭遇空间碎片的撞击,但目前得到最多的撞击数据仍来自宇航员对在轨航天器的检测及航天器返回地面后进行的全面检测。下面以国际空间站、航天飞机、哈勃望远镜、长期暴露装置等航天器为重点分别展开进行描述。

1. 国际空间站

国际空间站(International Space Station,ISS)是目前规模最大的在轨航天器,自 1998 年开始建设,2010 年投入全面使用。国际空间站属于长期有人照料的载人航天器,宇航员定期出舱检查或维修,检测到大量的空间碎片撞击损伤痕迹。

意大利研制的多功能后勤舱(multi-purpose logistics module,MPLM)经过 5 次任务飞行后,2003 年在其柱段共发现 2 个穿孔和 24 个撞击坑,其中最大的一处将防护屏击穿,留下一个外缘直径 2.45 mm、内缘直径 1.44 mm 的穿孔,如图 1 - 2 所示。

2007 年 6 月,宇航员报告俄罗斯研制的曙光号控制舱的热毯遭遇空间碎片撞击,造成外层损伤 6.7 cm×3.3 cm,内层损伤 1.0 cm×0.85 cm,如图 1 - 3 所示。

2008 年,宇航员在执行航天飞机 STS - 122 任务出舱时发现国际空间站气闸舱扶手上的撞击坑,直径为 1.8 mm;宇航员遂作了标记以警示后续出舱活动,以免划伤手套或宇航服,如图 1 - 4 所示。

图 1 - 2　意大利研制的多功能后勤舱的穿孔

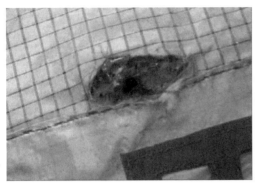

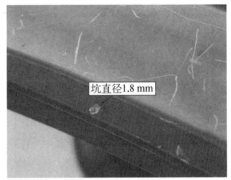

坑直径1.8 mm

图 1-3　俄罗斯曙光号控制舱的
　　　　热毯损伤(后附彩图)

图 1-4　国际空间站气闸舱扶手上的
　　　　撞击坑(后附彩图)

2008 年,宇航员在执行航天飞机 STS-123 任务出舱时发现在 EVA-D 扶手上的撞击坑,撞击坑的直径达 5 mm,并在后面发生崩落,如图 1-5 所示。

2014 年,国际空间站上第 66 号太阳电池板遭受空间碎片撞击,造成二极管短路烧损,损失 400 个电池单元,如图 1-6 所示。

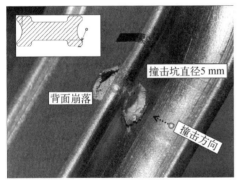

撞击坑直径5 mm
背面崩落
撞击方向

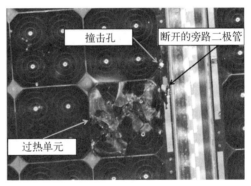

撞击孔
断开的旁路二极管
过热单元

图 1-5　国际空间站 EVA-D 扶手上的
　　　　撞击坑(后附彩图)

图 1-6　国际空间站上太阳电池板遭受
　　　　空间碎片撞击(后附彩图)

2014 年,宇航员发现国际空间站 P4 光伏辐射器上的撞击,造成一个长约 12.7 mm、宽约 9.9 mm 的撕裂豁口,如图 1-7 所示。

2015 年,SpaceX 公司的猎鹰运载火箭执行 CRS-6 任务,将国际空间站交会对接口 PMA2 的防护盖带回地面进行检测,该防护盖在轨 19 个月(2013 年 7 月至 2015 年 2 月),共发现直径 0.1 mm 以上的撞击坑 26 个,如图 1-8 所示。

2017 年,宇航员执行航天飞机 STS-131 任务将国际空间站气闸舱的防护板带回地面,该防护板在轨 9 年,在地面实验室共检测到 58 个大于 0.3 mm 的撞击坑,如图 1-9 所示。最大的撞击坑直径约 1.8 mm[4],如图 1-10 所示。

图 1－7 国际空间站 P4 光伏辐射器上的撞击（后附彩图）

图 1－8 国际空间站交会对接口 PMA2 防护盖的撞击点（后附彩图）

图 1－9 国际空间站气闸舱防护板的撞击点（后附彩图）

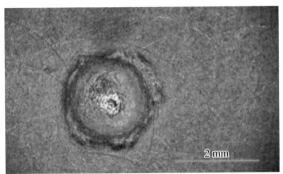
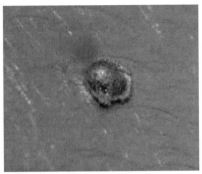

2 mm

图 1 - 10　国际空间站气闸舱防护板最大撞击坑 1.8 mm

2. 航天飞机

美国的太空运输系统(Space Transportation System,STS)5 架航天飞机共服役 30 年,飞行 135 架次。航天飞机每次执行任务返回地面,均需进行详细检测,因此积累了大量空间碎片撞击数据。图 1 - 11 给出航天飞机 66 次飞行后测量的航天器表面损伤记录,图 1 - 12 给出航天飞机 STS - 91 飞行后表面的损伤位置分布,可以看出空间碎片的撞击位置主要集中在前端和两侧。

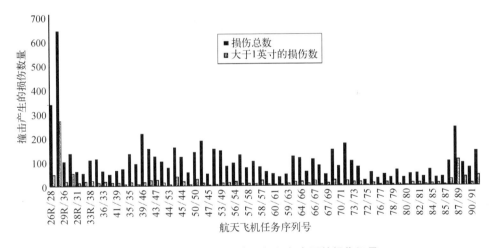

图 1 - 11　航天飞机 66 次飞行任务表面的损伤记录

航天飞机的辐射器因长期暴露在外,容易受到空间碎片的撞击。航天飞机遭受最严重的一次撞击事件是在 STS - 86 任务中遇到的,撞击穿透了辐射器铝合金管路的 beta 布覆盖层,损伤区域为 1.01 mm×0.96 mm(图 1 - 13),并在管路上留下直径 0.8 mm、深 0.47 mm 的凹坑(图 1 - 14),撞击处内壁发现小面积崩落碎块,表明管壁几乎被穿透并险些导致氟利昂冷却剂的泄漏。这次事件发生后,航天飞机的辐射器管路改进了设计并加强了防护措施。

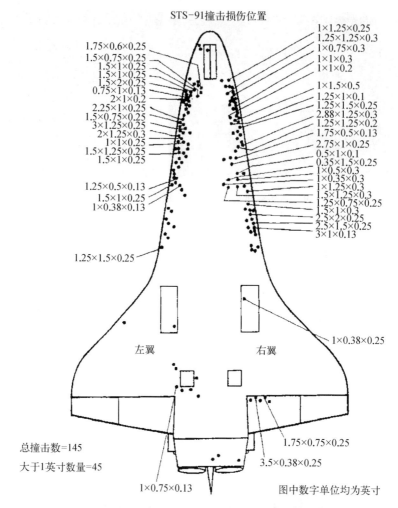

图 1－12　航天飞机 STS－91 任务后表面的损伤位置分布

图 1－13　STS－86 任务后辐射器管路的 beta 布覆盖层上的撞击孔洞

图 1-14　STS-86 任务后辐射器铝合金管路上的撞击坑

如图 1-15、图 1-16 所示,STS-115 任务和 STS-118 任务返回后,辐射器上的撞击痕迹清晰可见[5,6]。

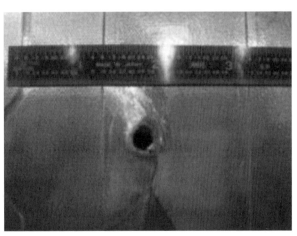

图 1-15　STS-115 任务后辐射器上的撞击孔(孔径 0.8 mm,裂纹长度 6.8 mm)

图 1-16　奋进号航天飞机 STS-118 任务后辐射器上撞击孔

航天飞机辐射器上遭遇的另外一次严重撞击发生在 STS-128 任务,损伤区域达 7.4 mm×5.3 mm,显然比 STS-86 任务损伤的程度还要大。幸运的是,此次撞击只击穿了辐射器管路的盖板;但如果没有盖板的防护,辐射器管路将被击穿,工质发生泄漏,整个 STS-128 任务将会提前终止,甚至会造成机毁人亡。正是由于 NASA 的空间碎片研究人员对历次航天飞机飞行任务进行长期的检测分析、对比试验和风险评估,改进并加强了辐射器管路的防护设计,才使得航天飞机在 STS-128 任务中幸免于难。这次事件被认为是美国空间碎片防护研究 10 年来最为突出的成果。

航天飞机舱窗也容易受到空间碎片的撞击。在 2001 年之前,因空间碎片撞击

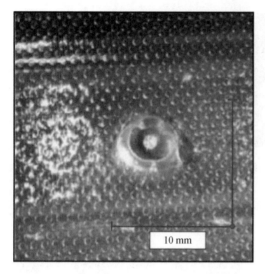

图 1-17　航天飞机 STS-128 任务后辐射器
管路盖板的撞击坑(后附彩图)

的影响航天飞机共更换过 80 次舷窗。
图 1-17~图 1-22 分别为航天飞机
STS-128、STS-7、STS-50、STS-97、
STS-114、STS-125 任务舷窗受损的
图片。航天飞机舷窗第一次受到空间
碎片的严重撞击发生在 STS-7 任务
中,肇事者来自一块 0.2 mm 的漆片,
舷窗玻璃被迫更换。

　　航天飞机 STS-114 任务返回后
发现 41 个空间碎片撞击坑,其中 14
个位于舷窗,最大的损伤区域达
6.6 mm×5.8 mm。STS-125 任务后,
航天飞机舷窗遭遇最严重的一次撞
击,损伤尺寸达 12.4 mm×10.3 mm。

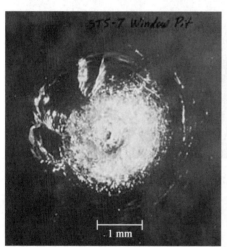

图 1-18　STS-7 任务后舷窗的
撞击损伤(后附彩图)

图 1-19　STS-50 任务后舷窗的损伤
裂纹(7.2 mm)(后附彩图)

　　航天飞机头部和两侧的防热瓦属于遭遇空间碎片撞击的高风险区,而防
热瓦对航天飞机安全至关重要。哥伦比亚号航天飞机失事就是因为防热瓦受
损,监测图像显示,航天飞机升空后 81.7 s 从外贮箱左侧分离出一块重约
0.76 kg 的绝缘泡沫和两块小的绝缘泡沫。其中,较大的一块长 53~68 cm、宽
30~46 cm,并于 81.9 s 撞击到哥伦比亚左翼的增强碳-碳防热瓦上,当时两者的
相对速度为 191~256 m/s。航天飞机受到撞击后,防热瓦发生脱落和破损。

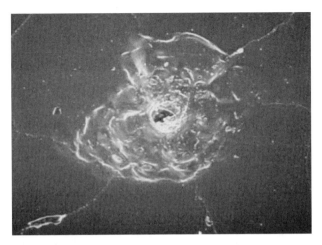

图 1-20　STS-97 任务后舷窗的损伤裂纹(后附彩图)

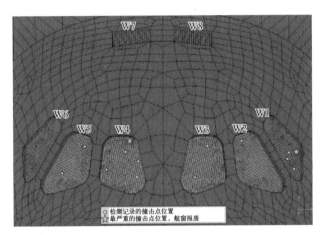

图 1-21　STS-114 任务后舷窗玻璃上的撞击位置分布(后附彩图)

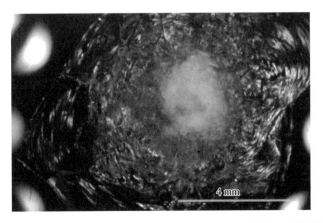

图 1-22　STS-125 任务后航天飞机舷窗上的严重损伤(后附彩图)

这一隐患直到航天飞机返回时才暴露出来,航天飞机与大气剧烈摩擦产生的气动热将其局部烧穿,进而发生系列的连锁反应,造成整个航天飞机的解体,7 名宇航员罹难。空间碎片撞击航天飞机防热瓦的情形大体相似,只不过尺寸很小,但速度要高得多,航天飞机的防热瓦曾多次遭遇空间碎片的撞击,图 1-23~图 1-26 分别为 STS-45、STS-122、STS-131、STS-132 执行任务后,防热瓦受损的情况。防热瓦受损后,空间碎片工程师要认真评估再次飞行的风险,必要时需要在电弧风洞中进行试验验证。

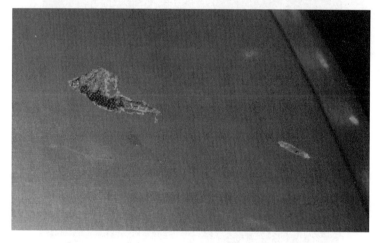

图 1-23　STS-45 任务后航天飞机右翼前缘的损伤沟槽(后附彩图)

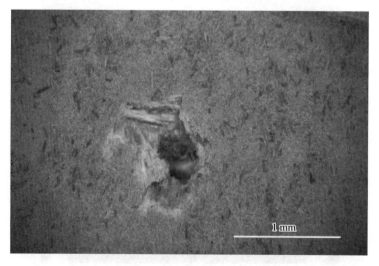

图 1-24　STS-122 任务后航天飞机防热瓦上 13 个撞击坑之一(后附彩图)

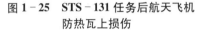

图 1 - 25　STS - 131 任务后航天飞机
防热瓦上损伤

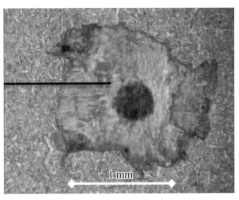

图 1 - 26　STS - 132 任务后航天
飞机防热瓦上损伤

3. 哈勃空间望远镜

哈勃空间望远镜(Hubble Space Telescope, HST)于 1990 年由"发现者"号航天飞机送入地球轨道,早期因设计缺陷成像模糊,经过后续航天飞机任务在轨维修,1993 年才正式投入工作。30 多年来,哈勃空间望远镜几乎在天文学的所有领域都取得了不可思议的成就,极大拓展了人类认知宇宙的边界。在多次太空维修任务中,宇航员一方面对哈勃空间望远镜进行在轨检测,另一方面还将一些更换部件带回地面,因此积累了大量空间碎片撞击的数据。

1999 年,航天飞机 STS - 103 任务宇航员出舱对哈勃空间望远镜进行表面检测并拍摄,发现 571 个撞击损伤[7],如图 1 - 27 ~ 图 1 - 29 所示。

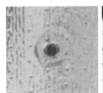   

ID:F180-61　　ID:F180-59　　ID:F180-35　　ID:F0-2　　ID:F180-15
孔径:5.9 mm　　孔径:4.5 mm　　孔径:4.2 mm　　孔径:4.0 mm　　孔径:3.8 mm
环径:17.5 mm　　环径:14.7 mm　　环径:15.8 mm　　环径:11.3 mm　　环径:9.6 mm

图 1 - 27　宇航员出舱拍摄哈勃空间望远镜表面的损伤

哈勃空间望远镜早期被带回地面的太阳翼遭受 5 000~6 000 次空间碎片撞击,撞击坑/孔直径从 3 μm~7 mm,完全穿透太阳翼的撞击数量达 150 个。图 1 - 30 为哈勃空间望远镜太阳翼上的穿孔,图 1 - 31 为哈勃空间望远镜太阳翼的弹簧发生断裂图。

哈勃空间望远镜的宽视场行星相机 2 号(Wide Field and Planetary Camera 2, WFPC2)由航天飞机 STS - 125 任务实施更换,共在轨 16 年,发现 280 个撞击损伤,损

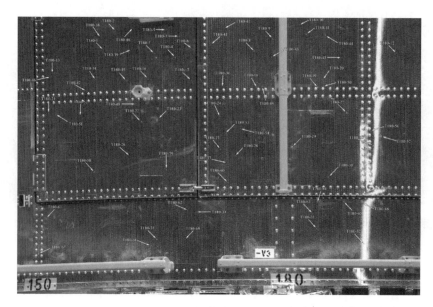

图 1 - 28　哈勃空间望远镜壳体上的撞击损伤(后附彩图)

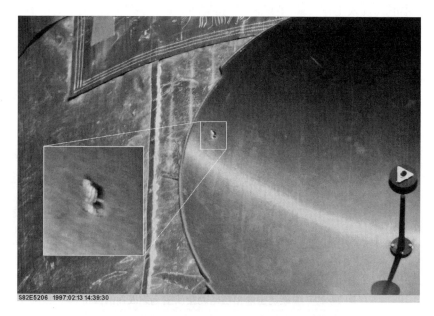

图 1 - 29　哈勃空间望远镜天线上的穿孔(后附彩图)

伤区域大于 $700\ \mu m$ 有 63 个(图 1 - 32);服务于 WFPC2 的辐射器仍然在轨,宇航员进行了检测和拍照,发现 20 个肉眼可见的撞击痕迹(图 1 - 33、图 1 - 34)。哈勃空间望远镜的一处多层隔热板在轨 19.2 年,带回地面后在其 1.4 平方米的表面检测到百微米级以上的撞击坑 889 个[8,9],图 1 - 35 为哈勃空间望远镜多层隔热板的撞击坑。

正面：
放大倍数：40
竖线间距：1.2 mm

背面：
放大倍数：80~100

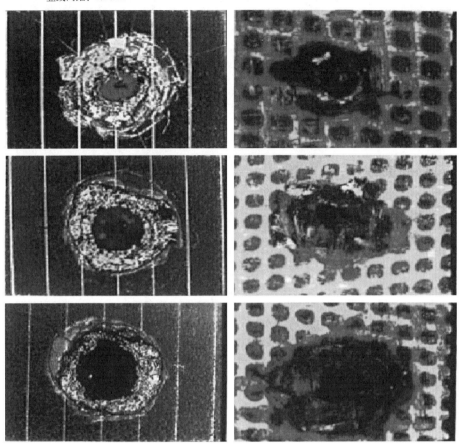

图 1-30 哈勃空间望远镜太阳翼上的穿孔(后附彩图)

图 1-31 哈勃空间望远镜太阳翼的弹簧发生断裂图(后附彩图)

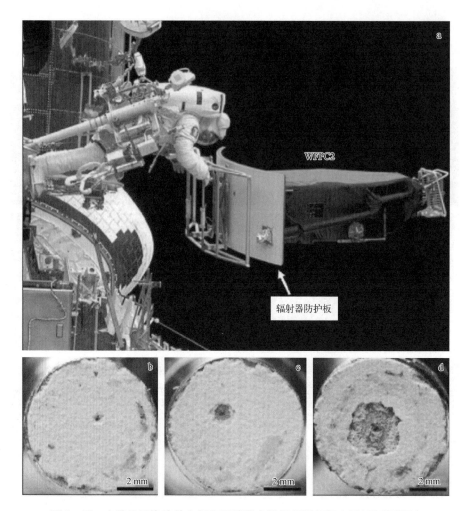

图 1−32　宇航员更换哈勃空间望远镜的宽视场行星相机 2 号（后附彩图）

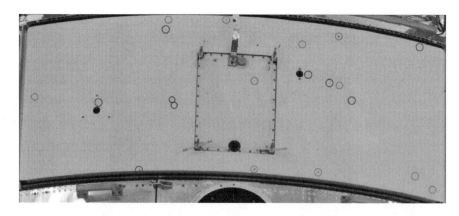

图 1−33　哈勃空间望远镜宽视场行星相机 2 号上辐射器的撞击坑（后附彩图）

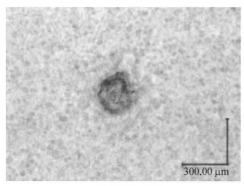

(a) 白漆未击穿　　　　　　　　　　(b) 白漆击穿并损伤金属层

图 1 - 34　辐射器表面白漆损伤情况(后附彩图)

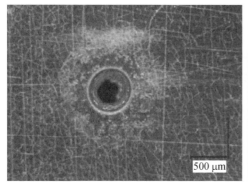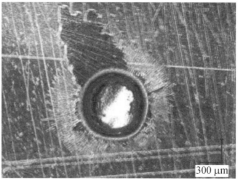

图 1 - 35　哈勃空间望远镜多层隔热板的撞击坑(后附彩图)

4. 长期暴露装置

如图 1 - 36 所示,长期暴露装置(Long Duration Exposure Facility, LDEF)是美国发射的一颗大型空间环境探测卫星,长 9.14 m、宽 4.27 m,发射质量 9 724 kg,含 86 个试验部段,开展科学试验数目 57 个。1984 年 4 月由挑战者号航天飞机发射升空,1990 年 1 月,由哥伦比亚号航天飞机实施回收。LDEF 在轨长达 69 个月,在 286 ~ 400 km 的轨道高度上飞行,在其 130 m^2 的表面发现空间碎片撞击坑 34 000 个,其中大于 0.5 mm 的撞击坑达 5 000 多个,如图 1 - 37 所示。

图 1 - 38 ~ 图 1 - 42 为 LDEF 所受的不同损伤。

图 1 - 36　美国的长期暴露装置卫星(后附彩图)

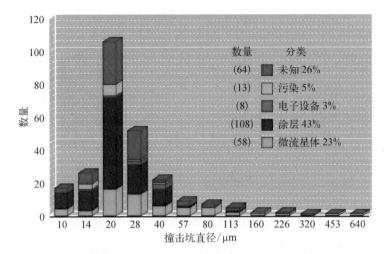

图 1－37　LDEF 表面某区域撞击坑大小及其数量的分布(后附彩图)

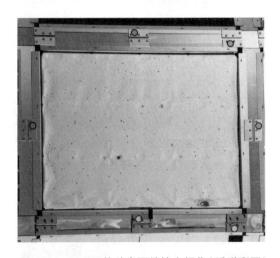

图 1－38　LDEF 热毯表面的撞击损伤(后附彩图)

图 1－39　LDEF 热毯上的穿孔(后附彩图)

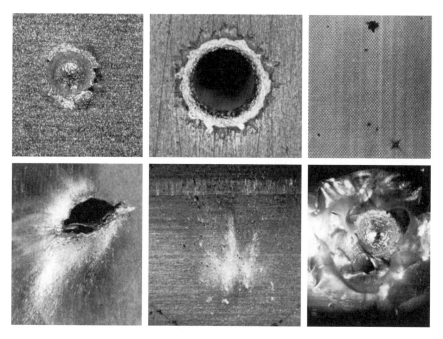

图 1 - 40　LDEF 表面的撞击损伤之一(后附彩图)

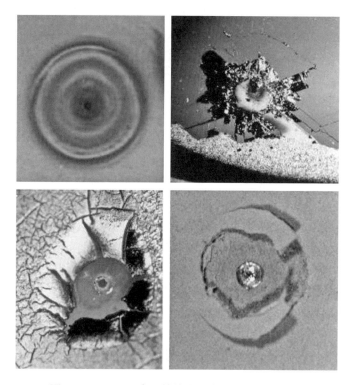

图 1 - 41　LDEF 表面的撞击损伤之二(后附彩图)

图1-42 空间碎片撞击及其
发生的溅射效应

5. 其他

和平号空间站由苏联设计建造,1986年开始在轨组装,2001年受控陨落在南太平洋。和平号空间站在轨十几年中频繁受到空间碎片撞击,如图1-43、图1-44所示。

宇航员进行太空活动(extra-vehicular activity,EVA)时也须非常注意空间碎片防护及航天器表面撞击后的损伤区域,宇航服有可能会被航天器表面破损处划伤,如图1-45所示。

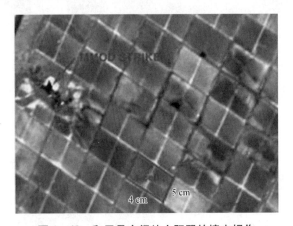

图1-43 和平号空间站太阳翼的撞击损伤

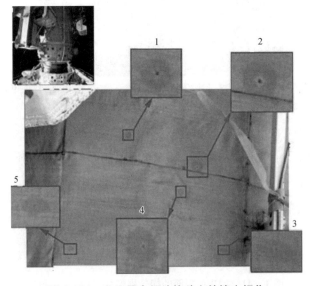

图1-44 和平号空间站热毯上的撞击损伤

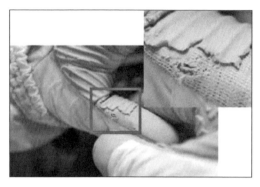
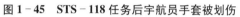

图 1 - 45　STS - 118 任务后宇航员手套被划伤

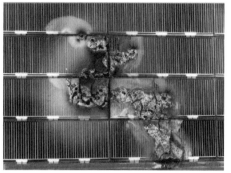

图 1 - 46　EURECA 卫星太阳翼受到
撞击后受损情况

图 1 - 46 为 EURECA 卫星太阳翼受到撞击后受损情况。卫星太阳翼由于暴露面积大,最易受到空间碎片的撞击。在带电工作状态下,太阳翼可能发生放电现象,并烧毁电池片。

1.3　空间碎片撞击对航天器的影响

空间碎片撞击对航天器的影响程度受多种因素制约,包括空间碎片的尺寸、速度、形状、材质、撞击角度等因素及受撞航天器的撞击部位、部件功能属性、结构、材料等因素。大空间碎片撞击到航天器的核心部位一般会造成航天器解体。美国曾多次开展地面超高速撞击试验,利用轻气炮发射弹丸撞击航天器并造成解体,一般认为 40 J/g 的撞击能量阈值作为判断航天器解体的参考值是合适的。具体的含义是指,将计算得到的空间碎片能量除以被撞击航天器的质量,如果超过 40 J/g 即可认为航天器发生解体,否则不会发生整体破坏。实际上,航天器的构型多种多样,特别是暴露在外的太阳翼、天线等面积比较大的部组件通常以柔性方式与航天器本体相连,如果撞击发生在这些部组件上面,即使超过 40 J/g 的撞击阈值,也不一定造成航天器主体解体。

小空间碎片撞击可以击穿航天器,甚至会造成航天器解体。通常情况下,大碎片撞击航天器的概率极低,主要通过轨道机动予以规避;小碎片撞击航天器的概率较低,目前尚无非常有效的防护办法,航天器可以通过布局优化及冗余设计进行加强。微小空间碎片对航天器的撞击概率很高,百微米级以上的撞击随处可见,因此这部分空间碎片对航天器的影响是非常重要的,也是航天器被动防护的重点。

大多情况下,空间碎片撞击不会造成航天器灾难性事故,但会给航天器带来一定损伤;损伤的等级及其影响的程度与航天器部件/分系统的特征与功能直接相关。超高速撞击损伤引起的失效模式研究则是一项庞大的系统工程,国际上已开展了多年研究,也仅得到一些定性和个别定量的研究成果。航天器失效的等级一般可分为三大类:功能性失效、严重失效和灾难性失效。譬如空间碎片击穿空间站外面的一个小的低压气瓶,可被认为是功能性失效;但如果该气瓶是剩下的唯一一个或者气瓶压力非常高以致穿孔后喷射的气体足以改变空间站的方向,则成为严重失效;如果这种方向的改变非常严重,造成姿态无法恢复,就成为灾难性失效。对于航天器的不同分系统,空间碎片撞击的损伤和失效模式肯定也存在很大差异,简述如下[10]。

1.3.1　结构分系统

结构损伤形式一般可以概括为成坑、穿孔、层裂或崩落,对于有些结构还需考虑裂纹。成坑是最为普遍的撞击损伤,但当坑接近一定深度会产生二次碎片。对铝质结构,若成坑深度达到壁厚的 70%,在结构的背面将产生剥落,这是应力波效应造成的。剥落的碎片对结构内部的部件会造成损害。对于较大粒子的撞击可能会造成穿孔,当然也会伴随产生“碎片云”形式的二次碎片,其危害可能更严重。

1. 薄壁结构

对于延展性金属板结构,空间碎片撞击时产生的高温高压可能导致材料熔化,甚至气化并形成弹坑,其体积远大于粒子体积。若粒子足够大,和/或撞击速度足够高,薄壁结构会被完全穿透并形成初始裂纹,粒子与破损薄壁结构形成碎片云进入航天器内造成进一步的损伤。如果承载结构的裂纹长度超过临界值,还会发生灾难性解体,如载人航天器的压力舱、高压气瓶等。

对于脆性材料结构,如舷窗玻璃、光学仪器镜头、太阳电池及陶瓷盖片等,由于抗拉强度较低,其层裂/崩落效应会使粒子在脆性材料上形成弹坑的体积远大于延展性材料。此外,舷窗之类脆性材料受撞击后会在撞击点和舷窗的对称边缘产生裂纹,这主要是由压力脉冲的反射引起,其幅值与舷窗的大小及边界条件有关。微小碎片累积撞击极易引起光学器件表面的退化,显著增强了光线的散射。望远镜筒和光学器件遮光板内受碎片撞击,会产生大量的污染粒子,从而降低器件的光学性能,甚至暂时干扰或遮蔽光学敏感器。

对于航天器上经常采用的纤维增强材料结构,粒子撞击也会形成弹坑或孔洞,但和金属板相比,纤维与基体材料的碎裂使得凹坑或孔洞的形状非常不规则。

2. 夹层结构

夹层结构在航天器上得到广泛采用,在超高速粒子撞击下,此类结构大致会产生三类损伤:夹层结构本身的初级损伤和内部损伤、碎片云损伤和粒子污染。

初级损伤和内部损伤涉及粒子撞击点区域附近的损伤及可能的前后面板与内部蜂窝芯的损伤;内部损伤直径一般要比面板穿孔直径大得多,蜂窝芯单元的损伤依次可分为膨胀变形(无单元穿透)、破裂(单元穿透)及最终爆裂(单元解体)。当后面板被穿透时,整体结构发生了破坏。面板和蜂窝芯单元的穿孔将在局部产生应力集中现象。随机分布的撞击单元孔洞可以导致结构的局部失稳,并影响设备的指向精度;蜂窝芯的爆裂损伤可能导致金属埋件附近的环氧灌注混合物解体,从而造成设备脱落。

碎片云损伤是指当夹层结构的后面板被空间碎片穿透后产生的高速或低速喷溅粒子云造成的损伤,而且其喷溅物对航天器内部的有效载荷等设备有极大的危害,尤其对易损面上或靠近易损面的设备,其危险性更大。对于安装在航天器表面的设备,损伤来自附近表面发生斜碰时产生的弹跳粒子云。低能量碎片云的撞击有可能损坏和擦伤设备的外表面,高能量碎片云的撞击则可能穿透设备的壳体。如果撞击粒子以足够大的角度斜碰结构表面,可能产生二次跳弹碎片,并撞击航天器其他部分或污染有效载荷及分系统。

1.3.2　压力舱及压力容器

当充有氧气的压力舱舱壁被空间碎片击穿后,会伴随着剧烈的光闪和爆炸声。墙壁和粒子产生的碎片云中包含有材料汽化、液化和固体的颗粒,这些碎片的氧化会引起爆炸,该现象称为汽闪(vaporific flash)。汽闪会产生一定危害,尤其当密封舱使用纯氧时,可能引起火灾并损伤航天员。

压力容器穿透时会产生喷气推力,这可能导致航天器丧失姿控能力,进而使得电源和其他分系统失效;压力容器穿透也可能导致结构失效,如果冲击足够强,可使压力容器安装结构失效,或造成压力容器松动、某些薄弱连接点变形或断裂。

对于载人航天器的密封舱,舱壁被击穿使得密封舱快速失压,造成舱内的宇航员缺氧,如果没有有效的补漏措施及安全转移到其他密封舱的时间,将殃及宇航员的生命。

1.3.3　推进分系统

安装在航天器主体结构外部的贮箱和管路最易受到空间碎片的撞击,撞击后贮箱或管路可能会引起泄漏,甚至爆裂和爆燃。

泄漏的速率与撞击孔的直径及裂纹的长度等因素有关。爆裂主要由于撞击使具有初始应力表面产生动态相互作用或产生的脉冲压力影响。实验表明:脉冲是由贮箱内液体阻止碎片扩展造成的,其大小与液体的密度和压力有关;如果管路内是气体,则可忽略脉冲影响;贮箱穿孔产生典型的压力脉冲仅持续几个微秒,但其压力在几个分米范围内就完全衰减了,因此脉冲现象大多与贮箱大小无关;撞击点附近的局部应力与冲击波的幅值及压力脉冲持续的时间有关,当贮箱初始应力及撞击孔形成过程产生的应力累积超过材料的动态失效强度时,贮箱发生破裂;对于具有同等动能的粒子,高速且体积小的低密度粒子比低速且体积大的粒子更具破坏力;对于高压充液贮箱,即使非穿透性撞击也可能造成贮箱灾难性破裂。爆燃和直接燃烧只会发生在某些材料中,如钛合金和氧;如果钛合金贮箱内含液氧,击穿总会发生爆燃;钛合金和纯钛没有太大区别,即使在外面包覆一些材料,其阻燃效果也不明显。如果贮箱内是其他氧化剂,爆燃的敏感性会降低,四氧化二氮几乎没有反应,空气也仅显现冲击火花;至于其他金属材料,如镁和低合金钢,对爆燃也较为敏感,但铝合金只发生局部氧化。

实验表明,超高速撞击使贮箱简单穿孔的阈值和使贮箱发生灾难性爆裂的阈值非常接近;即使是简单穿孔没有引起爆燃,也会造成推进剂泄漏,从而丧失姿控能力;而灾难性爆裂则可能导致任务立刻终止或航天器爆炸解体。

1.3.4　热控分系统

1. 热控涂层

微小空间碎片可以侵蚀热控涂层表面,使涂层表面材料脱落,从而导致涂层性能退化;一是使涂层的辐射特性和传导系数等热物理性能发生变化,从而使航天器的热平衡状态发生变化;二是导致蒙皮的温度梯度增大,航天器在地球阴影里的温降速率增大。涂层退化是一种积累效应,航天器在轨运行时间愈长,暴露在外部空间的涂层退化愈严重,从而导致航天器内部温度环境也愈恶劣。当这种积累效应达到一定程度时,航天器内部仪器设备温度就可能超出其正常工作的温度范围,最终导致仪器设备的失效。因此,涂层退化是影响航天器寿命的重要因素。应注意,微小空间碎片粒子侵蚀热控涂层的过程中会产生大量的二次碎片,且涂层退化是由空间碎片、原子氧及空间紫外辐照综合作用造成的。

2. 流体回路管路

当空间碎片粒子撞击到辐射器管路时,根据撞击粒子大小、速度和角度的不同,撞击可能在管子外壁形成凹坑、在内壁形成凸起或剥落碎片,影响回路工质的正常流动及回路上其他设备的正常运行(如碎片对泵的磨损),从而降低流体回路系统的工作效率,甚至导致流体回路失效;空间碎片粒子也可能穿透管壁甚至使管路断裂,导致回路工质的泄漏,使流体回路系统失效,并最终导致整个热控制系统的失效。在这种情况下,航天器内部仪器设备的发热将不能被传递并释放到外部空间,其结果将导致仪器设备温度的持续升高,最终超过其允许的最高温度界限,使仪器设备不能正常工作,甚至造成仪器设备的损坏和飞行任务的失败。

3. 辐射器

辐射器也是流体回路系统的一部分,它是通过流体管路将航天器内部废热传递出来并辐射到外部空间的装置。因为辐射器直接面向外部空间,所以最容易遭到空间碎片的撞击。特别是辐射器上的管路,由于其外部不能包覆多层隔热材料,所以在遭受碰撞时更容易造成严重后果,其失效模式和流体回路外部管路相似。

4. 隔热材料

航天器结构和外部设备往往都包覆有大面积的多层隔热材料,由于这些隔热材料直接暴露于外部环境,所以容易遭受空间碎片的撞击。当碎片撞击多层隔热材料时,其上面将形成凹坑、孔洞或撕裂,使多层隔热材料局部热阻减小、隔热效果下降或完全失去隔热能力,从而导致航天器结构或仪器设备局部温度异常,影响仪器设备正常工作,甚至造成仪器设备损坏,影响飞行任务的正常进行。

1.3.5　热防护系统

空间碎片超高速撞击烧蚀材料会引起部分穿透或穿孔,冲击产生的压力脉冲可能会破坏烧蚀材料和基体之间的黏结。抗氧化涂层一般比较脆,除了撞击坑、穿孔外,还可能在整个厚度方向产生裂缝。

当撞击速度为 1~3 km/s 时,较低的冲击压力不能破碎或熔化入射粒子,材料对粒子起到减速及侵蚀作用并形成损伤。对于低密度的材料,损伤为局部深坑;对于较高密度的材料背面,损伤为层裂及局部裂纹。随着撞击速度升高至 6 km/s 以上时,极高的冲击压力在粒子内形成冲击波及大量热能,粒子能量耗散过程中在材料上形成椭圆形或近球形的凹坑。

热防护系统遭遇空间碎片撞击受到损伤乃至损坏后,将降低返回舱再入大气过程的热防护性能,严重时会导致舱内烧蚀,危害宇航员生命。

1.3.6　电源分系统

1. 太阳电池阵

太阳电池阵最易遭受空间碎片撞击,这种撞击损伤既可能是轻微的和局部性的,即太阳电池单片的损伤,也可能是比较严重的,如一串电池片失效。撞击切断电池阵或电池片间导线,可能导致开路;撞击损坏电池片和导线的绝缘层或撞击产生粒子残余物可能导致短路。对太阳电池玻璃盖片等脆性材料的撞击会产生远大于弹坑尺寸的放射状裂纹,受其影响的电池片太阳反射率增加,电源功率下降。

电池阵的定向和驱动机构也可受到撞击,来自驱动机构外罩遭遇撞击产生的碎片进入电机内部可造成锁死,从而导致电池阵指向偏离太阳,严重削弱供电能力,最终限制航天器性能的正常发挥,缩短航天器的工作寿命。

2. 蓄电池

航天器结构被穿透后所产生的高速和低速碎片云,有可能给航天器内部的电源系统带来很大的失效风险,如靠近易损面的蓄电池和电缆网等设备。一般情况下,由于多片电池相互串联及并联,部分损伤并不会对整个航天器电池功率造成重大损失。

3. 电源控制/配电网

高速碎片云对电缆网的撞击,有可能击穿甚至切断一根或多根电缆,从而导致短路或断路,这对飞行任务的影响可能是致命的,需要加强重点部位的设计或防护,以避免单点失效。

1.4　空间碎片防护工程的主要内容

早期的航天活动,如美国阿波罗探月计划,重点关注微流星体防护问题。但随着航天活动越来越频繁,空间碎片环境逐渐变得恶劣,以载人航天器为重点的航天器防护设计逐渐得到重视和加强。美国成立了专门的空间碎片管理机构,负责国际空间站的环境模型建立、风险评估、地面试验、防护设计及仿真评价等与空间碎片相关的一切事务;欧空局成立了空间碎片办公室,负责与空间碎片相关的事务;1993 年美国、欧空局、俄罗斯和日本发起成立了 IADC,该机构是目前唯一专门从事空间碎片研究和协调的国际组织,正式成员已有中国、美国、俄罗斯、欧空局、英国、德国、日本、意大利、法国、印度、乌克兰、加拿大和韩国等 13 个国家和组织,IADC 组织召开了多次国际会议、完成了多次地面超高速撞击校验试验,并编写了防护手册 Protection Manual[11]。

经过半个世纪的研究、发展和应用,空间碎片防护领域的多个方向均取得了显著成果,包括空间碎片环境探测和建模、空间碎片风险评估方法和工具、防护结构/防护材料设计和优化、超高速撞击试验和仿真、防护结构性能评估和描述、防护设计指南和标准等。这些科技成果有效满足了载人航天器、深空探测器及大型应用卫星的防护设计工程需要。

1.4.1　空间碎片环境

空间碎片环境是开展航天器防护设计的重要前提和设计依据。如果不知道空间碎片环境的分布特性及演化特征,航天器的防护也无从谈起,因此主要航天国家均投入力量开展空间碎片环境的研究及建模。NASA 以天基探测数据为基础建立了 ORDEM 系列空间碎片环境模型并开发相应的软件系统,在 30 多年的发展过程中,该系统历经不同版本,不断丰富完善,具有较好的工程适用性。欧空局也建有自己的系统和软件,主要以空间碎片的来源、解体模型和轨道动力学为基础开发了MASTER 系列环境模型。俄罗斯和中国也开发 SPDA 系列模型和 SDEEM 模型。由于各个国家和组织在空间碎片环境建模的依据和方法不尽相同,因此不同模型得到的分析计算结果也存在一定的差异,特别是在航天器防护关心的亚毫米级及毫米级尺度上。IADC 多次对比研究不同模型的特点和差异,但也很难判别相互之间的优劣。由于 ORDEM 模型有大量的在轨及返回数据的结果进行验证和修正,使得其应用范围较广,我国航天器的空间碎片防护设计也采用了该环境模型。鉴于空间碎片环境研究及进展在“空间碎片学术著作丛书”中安排有专门著作,本书不再赘述。

1.4.2　空间碎片撞击风险评估

空间碎片环境模型仅能得到单位时间内通过某轨道高度单位面积上空间碎片

数量随碎片大小、速度、方向的分布,如果对航天器进行防护,就必须知道航天器不同部位遭遇空间碎片撞击的风险,进而采取有针对性的措施进行防护。这就是空间碎片撞击风险评估工作,通过对复杂的航天器结构进行建模,比如进行有限单元划分,利用空间碎片环境的输入数据及航天器不同结构和材料的防护特性,得到整个航天器及其部组件的风险评估结果。由于风险评估是航天器防护设计必不可少的工具,主要航天国家均独立开发了各自的空间碎片撞击风险评估工具,主要有美国 NASA 的 BUMPER 软件、欧空局的 ESABASE 软件、中国的 MODAOST 软件、俄罗斯的 BUFFER 和 COLLO 软件、德国的 MDPANTO 软件以及英国的 SHIELD 软件等。不同的风险评估软件也存在一定差异,IADC 为了对各国开发的系统进行校验,专门定义了三种基准工况以验证各国开发的风险评估工具的有效性。关于风险评估开发、验证的内容详见第 2 章。

1.4.3　防护结构及其防护性能表征

基于风险评估的结果即可对航天器进行防护设计,当然这是一个优化迭代过程。开展风险评估时,通常需要航天器不同结构(包括防护结构)的撞击特性,比如撞击极限方程。最为著名的空间碎片防护结构是美国天体物理学家 Fred Whipple 于 1947 年提出的,后来该类防护结构就以他的名字来命名,即 Whipple 防护结构。随着航天器提出的防护需求越来越高,人们的研究也逐步深入,陆续开发出多种类型的先进防护结构,如 Nextel/Kevlar 填充式防护结构、Nextel 多冲击防护结构、铝板多冲击防护结构、铝网双屏防护结构和可展开式防护结构等,并通过大量的地面超高速撞击试验及数值理论分析得到了相应的撞击极限方程,以表征防护结构的防护能力。撞击极限方程及防护优化设计的相关内容详见第 3 章。

多个国家都建设了超高速地基模拟设备,并开展了超高速撞击数值仿真研究。IADC 将超高速撞击地面模拟实验设备间的相互校验作为一项非常重要的任务,NASA、俄罗斯和日本利用二级轻气炮于 1998 年开展了四种工况的实验校验工作,中国后来参加了其中的两种。相同实验工况下,碎片云撞击造成的后墙损伤程度不尽相同,防护屏穿孔直径最大可相差 50% 以上。IADC 也定义了四种基准工况以验证各国/组织开发的流体代码在超高速撞击应用中的有效性。

1.4.4　航天器系统及部组件易损性分析

除了防护结构的防护性能可以用撞击极限方程进行描述外,航天器的部件/分系统的损伤或失效模式仅靠撞击极限方程就很难准确评估了。撞击极限方程是以结构的临界击穿作为判断标准,事实上,航天器的不同部件因其功能不同,很大程度上击穿并不代表失效,比如太阳翼、天线甚至蜂窝夹层板结构等。临界击穿只是航天器损伤的一种形式,是否会引起部组件或航天器失效还要考虑诸多因素。目前,国际上关于易损性的研究逐渐成为热点,即在前期临界击穿作为评估标准的基础上,开展航天器系统及部组件的失效模式研究。本书的第 4 章将进行详细描述。

1.4.5　航天器防护工程实践

在半个世纪的航天活动中,人们对空间碎片的认识不断深入,防护的措施和手段也不断加强。国外在早期的航天器任务中首先考虑了微流星体的防护设计,后来随着任务实施,发现威胁没有预想得严重;但随着空间碎片数量的快速增长,防护技术变得越来越重要。以载人航天器为代表的空间碎片防护设计工程实践使得该项工作取得快速进步,研究和工程应用相互促进,共同发展。典型工程应用包括载人航天器和非载人航天器;载人航天器如国际空间站、航天飞机、天宫目标飞行器和中国空间站等,国际空间站防护后的整体非穿透概率(probability of no penetration,PNP)超过 0.8,最大可以抵御直径为 1 cm 的铝球撞击;非载人航天器有科学航天器,如星尘号彗星探测器、伽马射线大口径空间望远镜 GLAST、商业卫星"星链"等都进行了空间碎片防护设计,有效保障了这些航天器任务的成功实施。我国经过多年的实践,也制订了航天器空间碎片防护设计及风险评估的行业管理标准[12,13]。关于空间碎片防护工程实践的国外和国内内容详见第 5 章和第 6 章。

参考文献

[1]　NASA. Orbital Debris Quarterly News[J]. NASA Orbital Debris Quarterly News, 2021, 25(4): 1.

[2]　NASA. Orbital Debris Quarterly News[J]. NASA Orbital Debris Quarterly News, 2021, 25 (3): 10.

[3]　NASA. Orbital Debris Quarterly News[J]. NASA Orbital Debris Quarterly News, 2022, 26(1): 6.

[4]　NASA. Orbital Debris Quarterly News[J]. NASA Orbital Debris Quarterly News, 2011, 15(3): 6.

[5]　NASA. Orbital Debris Quarterly News[J]. NASA Orbital Debris Quarterly News, 2007, 11(3): 4.

[6]　NASA. Orbital Debris Quarterly News[J]. NASA Orbital Debris Quarterly News, 2008, 12(1): 3.

[7]　NASA. Orbital Debris Quarterly News[J]. NASA Orbital Debris Quarterly News, 2002, 7(1): 4.

[8]　NASA. Orbital Debris Quarterly News[J]. NASA Orbital Debris Quarterly News, 2009, 13(3): 3.

[9]　NASA. Orbital Debris Quarterly News[J]. NASA Orbital Debris Quarterly News, 2010, 14(2): 5.

[10]　韩增尧,程卓,满光龙.航天器遭遇 M/OD 撞击失效模式研究[J].航天器工程,2005, 14(2): 93-98.

[11]　IADC WG3 Members. Protection Manual Version 7.0[R]. Inter Agency Debris Committee, 2014.

[12]　韩增尧,闫军,徐春凤,等.航天器对空间碎片防护设计要求: QJ20129-2012[S].北京: 国家国防科技工业局,2013.

[13]　郑世贵,闫军,徐春凤,等.航天器空间碎片撞击风险评估程序: QJ20134A-2018[S].北京: 国家国防科技工业局,2018.

第 2 章
空间碎片撞击风险评估

空间碎片撞击风险评估是航天器空间碎片防护设计的基础,其根据航天器几何构型、工作参数、空间碎片环境模型及撞击极限方程得出空间碎片非撞击概率/非失效概率、撞击速度的量值及分布。根据评估结果与航天器总体防护要求,确定出需防护的粒子直径范围、防护区域及防护等级,为航天器的初始防护设计和防护设计优化提供基础数据支持。

国际上早在 20 世纪 70 年代就开展了空间碎片防护研究。目前,已有多个国家开发了空间碎片撞击风险评估工具,主要有 BUMPER(美国)、ESABASE(欧空局)、BUFFER 和 COLLO(俄罗斯)、MDPANTO(德国)、SHIELD(英国)、MODAOST(中国)等。这些风险评估工具都针对 IADC 标准校验工况进行了横向校核。BUMPER、ESABASE、BUFFER 和 COLLO 已成功用于近地轨道大型航天器,尤其是载人航天器的防护设计,如航天飞机、国际空间站、RADARSAT 卫星、CONTOUR 卫星、猎户座飞船等。中国的 MODAOST 软件系统已在我国载人航天器及应用卫星的空间碎片撞击风险评估及防护设计中得到成功应用。

2.1 空间碎片撞击风险评估流程

航天器空间碎片撞击风险评估流程如图 2 - 1 所示[1],通过航天器空间碎片风险评估,可确定由空间碎片撞击引起的非失效概率,并在此基础上改进防护结构设计,以满足航天器空间碎片防护要求。

从流程图可以看出空间碎片撞击风险评估的必备基础包含微流星体及空间碎片(Meteoroid & Orbital Debris,MOD)环境模型和撞击极限方程,输入参数有航天器轨道任务参数、航天器构型,输出参数为非失效概率(probability of no failure,PNF),非失效概率是理想化的参数,工程实践中常用非撞击概率、非穿透概率等参数来描述。

其中,失效准则指判断航天器是否失效的原则。最常用的失效准则为结构失效,即舱体穿透或崩落的情况。降阶一般指功能降阶,即航天器未发生失效但功能

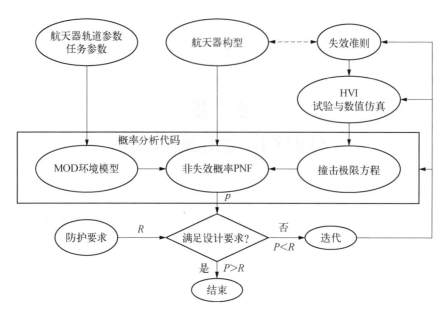

图 2-1 MOD 风险评估流程

受损的情况。非失效概率 PNF 指在轨运行航天器在指定时间段内,被空间碎片撞击不会引起失效的可能性。非撞击概率(probability of no impact,PNI)指在轨运行航天器在指定时间段内,不被某一尺度以上空间碎片撞击的可能性。非穿透概率指在轨运行航天器在指定时间段内,不被空间碎片击穿的可能性。

MOD 环境模型描述在三维空间及未来一段时间内的碎片数量、分布、运动、通量及其他物理特性,如尺寸、质量、密度等。撞击极限方程描述防护结构能防护的碎片质量、尺度、速度等参数,体现了防护结构的防护能力。其中,撞击极限方程是指描述某类结构构型的撞击极限与撞击参数、结构参数之间关系的方程。航天器遭遇空间碎片的撞击数随着空间碎片通量、航天器暴露面积和暴露时间呈线性增长:

$$N = FAT$$

式中,N 为撞击数;F 为空间碎片通量,单位为 $1/m^2/year$;A 为航天器暴露面积,单位为 m^2;T 为航天器暴露时间,单位为 year。

当撞击数 N 确定时,相应时间间隔 T 内发生 n 次撞击的概率 P_n 服从参数为 N 的泊松统计分布:

$$P_n = \frac{N^n e^{-N}}{n!}, \ n = 0, \ 1, \ 2\cdots, \ N > 0$$

式中,P_n 为时间 T 内,发生 n 次撞击的概率;n 为时间 T 内撞击的次数。

非撞击概率为

$$P_0 = e^{-N}$$

式中，P_0 为非撞击概率。

撞击概率为

$$Q = 1 - P_0 = 1 - e^{-N}$$

式中，Q 为撞击概率。

当 N 是失效数或穿透数时，上述计算式同样成立。如果 N 是失效数，则 P_0 就是非失效概率，Q 就是失效概率。如果 N 是穿透数，则 P_0 就是非穿透概率，Q 就是穿透概率。

2.2　微流星体环境模型

微流星体环境模型主要有 Cours‐Palais 模型、Grün 模型（NASA SSP 30425）及 Divine 模型三种，其中 Cours‐Palais 模型应用最少，Grün 模型应用最为广泛，Divine 模型已集成进 ESA 的 MASTER 模型。上述模型分别由不同的研究机构开发，预示的微流星体通量也存在一定差别。

2.2.1　NASA SSP 30425 模型

微流星体的质量密度变化范围相当大，有些微流星体质量密度可能小于 0.2 g/cm^3，有些会达到 8 g/cm^3。NASA SSP 30425 中给出的不连续质量密度分布为[2]

$$\rho = \begin{cases} 2 \text{ g/cm}^3 & m < 10^{-6} \text{ g} \\ 1 \text{ g/cm}^3 & 10^{-6} \text{ g} \leqslant m \leqslant 10^{-2} \text{ g} \\ 0.5 \text{ g/cm}^3 & m > 10^{-2} \text{ g} \end{cases}$$

需要注意的是，由于微流星体模型大多源于撞击数据，即由在轨航天器表面的撞击数据经过统计平均后得到，因此即使微流星体模型中选用的质量密度与实际情况有一定偏差，最终得到的损伤预示结果仍不会有太大偏差。

微流星体相对于地球的速度范围为 $11 \sim 72.2 \text{ km/s}$，平均速度为 17 km/s。速度概率密度分布见图 2‐2，具体可表示为

$$n(v) = \begin{cases} 0.112 & 11.1 \text{ km/s} \leqslant v < 16.3 \text{ km/s} \\ 3.328 \times 10^5 v^{-5.34} & 16.3 \text{ km/s} \leqslant v < 55 \text{ km/s} \\ 1.695 \times 10^{-4} & 55 \text{ km/s} \leqslant v \leqslant 72.2 \text{ km/s} \end{cases}$$

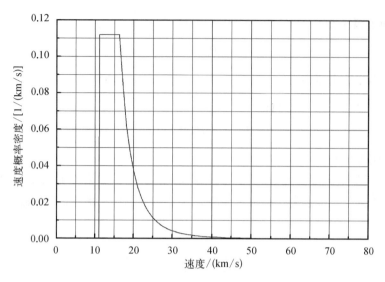

图 2 - 2　微流星体的速度概率密度分布

微流星体通量 F_r 定义为每平方米每年通过任意翻滚表面(randomly tumbling surface)且质量大于 m 的粒子数。天文单位 1 AU(一个日地距离)处星际间微流星体通量 F_r^{ip} 的数学表达式为

$$F_r^{ip}(m) = 3.155\,76 \times 10^7 \left[F_1(m) + F_2(m) + F_3(m) \right]$$

式中,

$$F_1(m) = (2.2 \times 10^3\, m^{0.306} + 15.0)^{-4.38}$$

$$F_2(m) = 1.3 \times 10^{-9}(m + 10^{11}m^2 + 10^{27}m^4)^{-0.36}$$

$$F_3(m) = 1.3 \times 10^{-16}(m + 10^6\, m^2)^{-0.85}$$

上式给出的微流星体通量又称为 Grün 模型。

如果将星际间微流星体通量 F_r^{ip} 转换为地球轨道微流星体通量 F_r,还必须考虑地球屏蔽效应和引力会聚效应,转换关系如下式:

$$F_r = s_f G_E F_r^{ip}$$

式中,s_f 为地球屏蔽因子;G_E 为引力会聚因子。

地球屏蔽因子 s_f 对微流星体起到减小通量的作用,其数学表达式如下:

$$s_f = \frac{1 + \cos \eta}{2}$$

式中,

$$\sin \eta = \frac{R_E + 100}{R_E + h}$$

其中，R_E 为地球半径，6 378 km；h 为距地球表面的高度，单位为 km；100 代表大气层的高度取值。地球屏蔽效应见图 2-3。

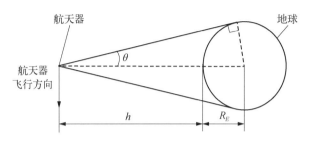

图 2-3　微流星体通量的地球屏蔽效应

地球屏蔽因子 s_f 的变化范围为 0.5~1.0，0.5 对应大气层上表面，1.0 对应深空。

引力会聚因子 G_E 对微流星体起到增大通量的作用，其数学表达式如下：

$$G_E = 1 + \frac{R_E + 100}{R_E + h}$$

地球屏蔽因子、引力会聚因子、联合校正因子与轨道高度的关系见图 2-4。联合校正因子 $s_f G_E$ 本质上反映了星际间微流星体通量与地球轨道微流星体通量之间的转换关系，即考虑了地球屏蔽与引力会聚的综合效应。

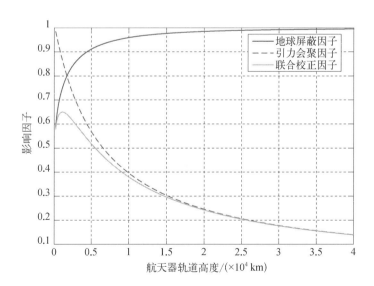

图 2-4　微流星体的地球影响因子与轨道高度的关系

2.2.2　Divine 模型

Divine 模型[3]选取日心黄道坐标系为参考坐标系,假设微流星体仅在太阳引力作用下按轨道动力学规律运动,并将微流星体分为 Core 群、Inclined 群、Eccentric 群、Halo 群和 Asteroidal 群共五类,通过对观测数据分析分别获得五类微流星体的质量 m 分布函数 $H(m)$、近日点 r_p 分布函数 $p_r(r_p)$、轨道倾角 i 分布函数 $p_i(i)$ 及偏心率 e 分布函数 $p_e(e)$,见图 2-5,进而得到位置 (r, α, β) 处的微流星体数目密度 n:

$$n = \frac{H}{\pi} \int_0^{\frac{\pi}{2}} p_r \sin\chi \mathrm{d}\chi \int_{e_\chi}^1 \frac{p_e}{\sqrt{e - e_\chi}} \mathrm{d}e \int_{|\beta|}^{\pi - |\beta|} \frac{p_i \sin i}{\sqrt{\cos^2\beta - \cos^2 i}} \mathrm{d}i$$

其中,$\chi = \arcsin(r_p/r)$;$e_\chi = \dfrac{(1 - \sin\chi)}{(1 + \sin\chi)}$;$H = \int_m^\infty H(m)\mathrm{d}m$;$r$、$\alpha$ 和 β 分别表示距日心的距离、黄经和黄纬。

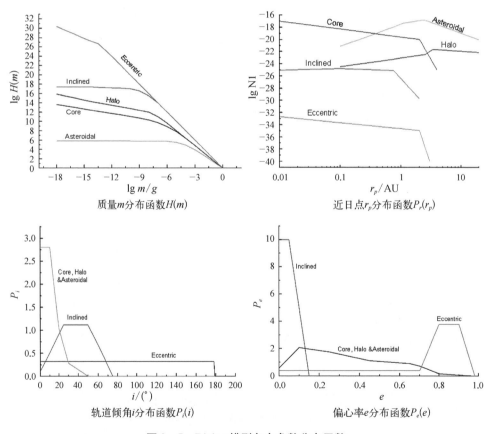

质量 m 分布函数 $H(m)$　　　　　近日点 r_p 分布函数 $P_r(r_p)$

轨道倾角 i 分布函数 $P_i(i)$　　　　偏心率 e 分布函数 $P_e(e)$

图 2-5　Divine 模型各个参数分布函数

利用近日点 r_p、轨道倾角 i 与偏心率 e 计算微流星体在 (r, α, β) 的速度 $\boldsymbol{v}_m$：

$$\boldsymbol{v}_m = \begin{bmatrix} \pm \left[\dfrac{GM_0}{r} \dfrac{\cos^2\chi}{\sin\chi}(e - e_\chi) \right]^{\frac{1}{2}} \\[3mm] \left[\dfrac{GM_0}{r}(1 + e)(\sin\chi) \right]^{\frac{1}{2}} \\[3mm] \pm v_\phi \left[\cos^2\lambda - \cos^2 i \right]^{\frac{1}{2}} \end{bmatrix}$$

可见 $\boldsymbol{v}_m$ 具有四个可能的方向,据此确定微流星体相对航天器的运动速度 $\Delta \boldsymbol{v}_l$:

$$\Delta \boldsymbol{v}_l = \Delta \boldsymbol{v}_m - \Delta \boldsymbol{v}_S \quad l = 1, 2, 3, 4$$

其中, $\Delta \boldsymbol{v}_S$ 表示航天器的运动速度。

相对航天器的微流星体通量为

$$F = \frac{H}{4\pi} \sum_{l=1}^{4} \int_0^{\frac{\pi}{2}} p_r \sin\chi \, \mathrm{d}\chi \int_{e_\chi}^{1} \frac{p_e}{\sqrt{e - e_\chi}} \mathrm{d}e \int_{|\beta|}^{\pi - |\beta|} \frac{p_i \sin i}{\sqrt{\cos^2\beta - \cos^2 i}} \mathrm{d}i \mid \Delta \boldsymbol{v}_l \mid$$

微流星体相对航天器的平均速度为

$$v_{\mathrm{ave}} = \frac{H}{4\pi F} \sum_{l=1}^{4} \int_0^{\frac{\pi}{2}} p_r \sin\chi \, \mathrm{d}\chi \int_{e_\chi}^{1} \frac{p_e}{\sqrt{e - e_\chi}} \mathrm{d}e \int_{|\beta|}^{\pi - |\beta|} \frac{p_i \sin i}{\sqrt{\cos^2\beta - \cos^2 i}} \mathrm{d}i \mid \Delta \boldsymbol{v}_l \mid^2$$

微流星体通量速度分布示例见图 2-6。

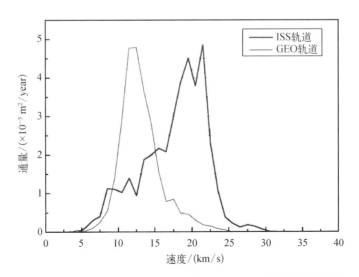

图 2-6　Divine 模型速度分布图(大于 0.01 g 的微流星体通量)

学者 Peter Staubach 将 Divine 模型中的五类群重新进行定义,即 Core 群、Asteroidal 群、A 群、B 群和 C 群,并重新建立了其相关的分布函数,即为 Divine - Staubach 模型[4]。

Divine 模型可用于计算太阳系行星空间内、质量从 10^{-18} g 到 1 g 的微流星体通量。同样,在分析地球轨道空间内的微流星体通量时,也必须考虑地球的屏蔽效应及重力场的会聚效应。与 Grün 模型相比,Divine 模型可确定微流星体与航天器的相对运动速度,但该模型比较复杂,且存在非线性计算。

2.2.3 Cour - Palais 模型

Cour - Palais 模型[5]以解析的形式给出了太阳系一个天文单位处、质量从 10^{-12} g 到 1 g 的微流星体通量:

$$\lg F_r(m) = \begin{cases} -14.339 - 1.584\lg m - 0.063(\lg m)^2 & 10^{-12}\ \text{g} \leq m < 10^{-6}\ \text{g} \\ -14.370 - 1.213\lg m & 10^{-6}\ \text{g} \leq m \leq 1\ \text{g} \end{cases}$$

其中,$F_r(m)$ 表示每秒通过每平方米任意翻滚表面、质量大于 m 的微流星体数目,微流星体密度均为 $0.5\ \text{g/cm}^3$。

微流星体相对于地球的速度范围为 11~72 km/s,平均速度为 20 km/s。速度概率密度分布见图 2-7,可表示为

$$n(v) = \begin{cases} \dfrac{4}{81}(v-11)\mathrm{e}^{-\frac{2}{9}(v-11)} & v > 11\ \text{km/s} \\ 0 & v \leq 11\ \text{km/s} \end{cases}$$

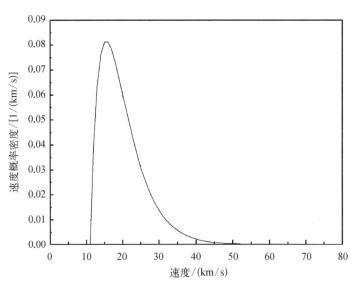

图 2-7 微流星体速度概率密度分布

2.2.4　微流星体模型比较

Grün 模型与 Cours‐Palais 模型都给出相对地球的微流星体通量和速度,且假设在 4π 空间内微流星体各向同性,速度分布与空间无关,对航天器进行风险评估时,需转化为相对航天器的微流星体通量和速度;而 Divine 模型直接给出相对航天器的微流星体通量和速度,微流星体速度的大小和分布与空间相关。

在不计行星屏蔽效应及会聚效应的情况下,根据上述三种微流星体环境模型计算太阳系一个天文单位处微流星体通量,计算结果见表 2‐1、图 2‐8。

表 2‐1　Grün 模型、Divine 模型及 Cour‐Palais 模型通量比较

质量/g	通量/($1/m^2/s$)		
	Grün	Divine	Cour‐Palais
1E‐12	3.24E‐5	3.43E‐5	3.95E‐5
1E‐11	1.46E‐5	1.76E‐5	2.90E‐5
1E‐10	6.35E‐6	9.57E‐6	1.60E‐5
1E‐9	3.00E‐6	4.04E‐6	6.51E‐6
1E‐8	1.18E‐6	1.37E‐6	2.00E‐6
1E‐7	3.02E‐7	3.18E‐7	4.60E‐7
1E‐6	4.71E‐8	4.52E‐8	7.90E‐8
1E‐5	4.64E‐9	4.35E‐9	5.00E‐9
1E‐4	3.30E‐10	3.78E‐10	3.00E‐10
1E‐3	1.90E‐11	2.46E‐11	1.90E‐11
1E‐2	9.70E‐13	1.30E‐12	1.10E‐12
1E‐1	4.70E‐14	6.00E‐14	7.00E‐14
1	2.20E‐15	2.76E‐15	4.30E‐15

在地球轨道空间内,三种环境模型在规律上相近,但所预计的微流星体通量差别比较大,选取不同的微流星体模型将对风险评估结果产生较为显著的影响,因此在模型选用上要慎重,其中较为广泛采用的是 Grün 模型。与 Cours‐Palais 模型和 Grün 模型相比,Divine 模型可计算的微流星体范围更大,适用于深空探测器的微流星体风险评估。

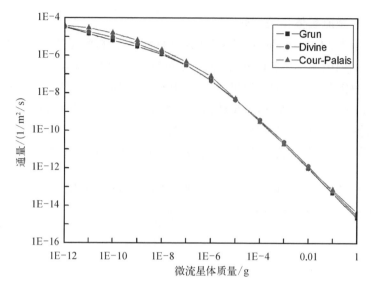

图 2 - 8　Grün 模型、Divine 模型及 Cour‐Palais 模型通量比较

2.3　空间碎片环境模型

　　国际上主要的空间碎片环境模型有：美国 NASA 的 NASA 系列及 ORDEM（Orbital Debris Engineering Model）系列、欧空局的 MASTER（Meteoroid And Space debris Terrestrial Environment Reference）系列、俄罗斯 ROSAVIAKOSMOS 的 SPDA 系列、中国哈尔滨工业大学的 SDEEM（Space Debris Environment Engineering Model）系列。ORDEM 模型以天基探测数据为基础，主要依靠空间碎片实测数据，先后经历了 ORDEM96、ORDEM2000、ORDEM3.0、ORDEM3.1 和 ORDEM3.2 等多个开发阶段，其最新版本为 ORDEM3.1；而 MASTER 模型以理论模型为基础，包含有空间碎片模型和微流星体模型，先后经历了多个版本，其最新版本为 MASTER‐8；SDEEM 模型包含空间碎片模型和微流星体模型，其最新版本为 SDEEM 2019。

2.3.1　NASA 空间碎片模型

1. NASA91 模型

　　NASA91 是 NASA 于 1991 年发布的近地轨道空间碎片模型[2]，包括空间碎片通量模型和质量密度模型。该模型通过对 LDEF、哈勃空间望远镜等大量实验数据进行拟合，以解析的形式给出了空间碎片通量，常作为风险评估软件的横向校验环境模型。

2. ORDEM96 模型

NASA 于 1996 年发布了空间碎片环境模型 ORDEM96[6]，它是一个基于计算机的半经验性质模型，有效计算时间为 1997～2030 年。ORDEM96 模型包含 6 种空间碎片源，并把整个空间碎片环境区域划分为 2 种轨道类型（圆轨道和椭圆轨道）、6 个轨道倾角带。ORDEM96 发布之后，被国际空间组织广泛应用于轨道高度介于 200 km 到 2 000 km 之间航天器的空间碎片风险评估和防护设计。

ORDEM96 认为每一个倾角带的空间物体都有相同的倾角，且不随该倾角带内的具体角度发生变化。在某个特定的轨道倾角带内，采用该轨道倾角代表整个带内碎片的倾角，称之为代表性轨道。表 2-2 给出了六个轨道倾角划分和具有代表性轨道选取。

表 2-2　ORDEM96 的轨道倾角带划分及碎片来源

轨道段	代表倾角	倾角范围	偏心率	碎片来源
1	7°	0°≤i<19°	e>0.2	完整物体、大碎片
2	28°	19°≤i<36°	e≤0.2	完整物体、大碎片
			e>0.2	完整物体,小碎片、固体发动机燃烧产物三氧化二铝及剩余残渣（三氧化二铝、铝及隔热包覆物混合体）
3	51°	36°≤i<61°	e≤0.2	完整物体、大碎片
			e>0.2	完整物体、大碎片
4	65°	61°≤i<73°	e≤0.2	完整物体、大碎片、小碎片 Na/K 液滴、涂层碎屑、燃烧产物三氧化二铝
5	82°	73°≤i<91°	e≤0.2	完整物体、大碎片、小碎片 涂层碎屑、燃烧产物三氧化二铝
6	98°	91°≤i<180°	e≤0.2	完整物体、大碎片、小碎片 涂层碎屑、燃烧产物三氧化二铝

说明：完整物体尺寸为 d>50 cm，大碎片尺寸为 1 cm<d<50 cm，小碎片尺寸为 200 μm<d<1 cm，Na/K 液滴尺寸为 200 μm<d<1 cm，涂层碎屑尺寸为 20 μm<d<200 μm，燃烧产物三氧化二铝尺寸为 d<20 μm。

ORDEM96 把偏心率小于 0.2 的物体认为是圆轨道，而剩余的则认为是椭圆轨道，偏心率在 0.5 到 0.6 之间。另外，ORDEM96 认为物体的升交点赤经和近地点幅角在空间是任意分布的。

ORDEM96 模型考虑了轨道偏心率、碎片来源等因素。在多数情况下，ORDEM96 模型是适用的，但因其对轨道偏心率及轨道倾角的分段处理方式使得应用存在一定的局限性。

3. ORDEM2000 模型

NASA 于 2000 年发布了 ORDEM2000 模型[7]。与 ORDEM96 相比,ORDEM2000 更好地描述了空间碎片环境。ORDEM2000 依据有限元的思想,利用轨道高度、经度和纬度三个变量将低轨道空间划分成三维单元;同时,利用更严格的数学方法从观测和探测数据推导出空间碎片的数量统计,根据碎片观测和探测数据得到的结果确定空间碎片对各空间单元的概率贡献,从而形成空间碎片环境模型。

1)通量模型

ORDEM2000 覆盖了 200~2 000 km 的轨道高度、10 μm~1 m 的碎片直径,可评估时间范围自 1991 年到 2030 年。

表 2-3 给出了 ORDEM2000 输出数据文件的格式。

表 2-3 ORDEM2000 输出数据文件格式

文件名	文 件 内 容	文件格式(每列从左到右)
TABLESC.DAT	轨道分段—碎片大小分布 轨道平均—碎片大小分布	轨道分段、轨道高度、轨道纬度、>10 μm 通量、>100 μm 通量、>1 mm 通量、>1 cm 通量、>10 cm 通量、>1 m 通量
VRELzzzz.DAT zzzz=轨道分段	每个轨道分段的碎片通量分布详情: 碎片速度—碎片通量 碎片方向—碎片通量 文件开头给出航天器在东、北方向的速度分量	碎片大小范围、碎片速度范围、碎片角度范围、占一个碎片大小范围内碎片通量的百分比 根据全局坐标系下的碎片速度与航天器速度可以计算出二者的相对速度

表 2-4 给出了 TABLESC.DAT 文件的数据内容。

表 2-4 TABLESC.DAT 文件内容

位置	轨道高度 /km	纬度 /(°)	>10 μm	>100 μm	>1 mm	>1 cm	>10 cm	>1 m
1	400.0	0.0	8.56E+2	3.22E+1	6.55E-2	1.67E-6	2.49E-7	1.24E-7
2	400.0	27.4	7.38E+2	2.24E+1	5.92E-2	2.24E-6	2.59E-7	1.18E-7
…	…	…	…	…	…	…	…	…
10	400.0	-27.4	7.30E+2	2.46E+1	6.43E-2	2.23E-6	2.58E-7	1.19E-7
Ave flux	—	—	4.82E+2	1.62E+1	3.90E-2	1.86E-6	2.69E-7	1.21E-7

表 2-5 给出了 VRELxxxx.DAT 文件的数据内容。

表 2 - 5　VRELxxxx.DAT 文件内容

size	Vmag	Vangle	%
>10 μm	6~7 km/s	0	0.000 00
>10 μm	6~7 km/s	10	0.000 00
…	…	…	…
>10 μm	6~7 km/s	350	0.000 00
…	…	…	…
>10 μm	10~11 km/s	350	0.043 85
…	…	…	…
>100 μm	10~11 km/s	350	0.045 46
…	…	…	…
>1 m	10~11 km/s	350	1.254 45

在 TABLESC.DAT 文件中,轨道平均碎片通量数据为风险评估提供了每年的平均碎片通量情况。用户可在此基础上根据任务年份进行累计平均,得到整个任务期间的平均碎片通量情况。根据平均碎片通量,可对航天器的撞击风险进行简化的总体评估。简化评估的计算量较小,评估结果可与基于轨道分段碎片通量的评估结果互相比较、验证。

在 VRELxxxx.DAT 系列文件中,轨道分段碎片通量数据为风险评估提供了每个轨道分段每年的碎片通量情况。它考虑了不同轨道分段碎片通量的变化、不同来流方向的通量分布以及不同速度范围的通量分布。基于分段轨道的风险评估,可以反映航天器在不同轨道阶段风险变化的动态情况。基于不同来流方向的通量分布,结合航天器的几何构型,可计算航天器对各方向碎片的遮挡情况,使评估结果更为合理。基于不同速度范围的通量分布,可以细化超高速撞击对风险评估的影响,为防护结构设计提供技术依据。

2）通量插值方法

ORDEM2000 模型将空间碎片按大小分为 6 个等级:$\geqslant 10$ μm、$\geqslant 100$ μm、$\geqslant 1$ mm、$\geqslant 1$ cm、$\geqslant 10$ cm、$\geqslant 1$ m,分别给出不同速度大小、速度方向的碎片通量分布。在对航天器进行风险评估过程中,需要知道 10 μm~1 m 之间任意大小的碎片通量。根据 ORDEM2000 使用手册,10 μm~1 m 之间任意大小碎片通量可以基于三次样条函数(cubic spline interpolation)插值模型得到。

三次样条函数插值是工程上常用的一种插值方法,它与分段线性插值的区别在于,所定义的三次多项式在各区间点以及边界上能够保证二阶导数连续。

对于给定的 $y_j = y(x_j)$，$j = 1 \cdots N$，定义三次样条插值函数：

$$y = Ay_j + By_{j+1} + Cy_j'' + Dy_{j+1}''$$

其中，

$$A \equiv \frac{x_{j+1} - x}{x_{j+1} - x_j}$$

$$B \equiv 1 - A = \frac{x - x_j}{x_{j+1} - x_j}$$

$$C \equiv \frac{1}{6}(A^3 - A)(x_{j+1} - x_j)^2$$

$$D \equiv \frac{1}{6}(B^3 - B)(x_{j+1} - x_j)^2$$

三次样条插值函数的关键在于二阶导数 y_j'' 的求解，联立以下线性方程组：

$$\frac{x_j - x_{j-1}}{6}y_{j-1}'' + \frac{x_{j+1} - x_{j-1}}{3}y_j'' + \frac{x_{j+1} - x_j}{6}y_{j+1}'' = \frac{y_{j+1} - y_j}{x_{j+1} - x_j} + \frac{y_j - y_{j-1}}{x_j - x_{j-1}},$$

$$j = 2, \cdots, N - 1$$

这里有 $N-2$ 个方程，为了得到 N 个未知数 y_j''，$j = 1, \cdots, N$，需要给定边界条件。

ORDEM2000 碎片通量插值是在对数空间 $(\log(\text{flux}), \log(\text{diameter}))$ 上进行插值，并采用三次样条插值函数的自然边界条件，即 $y_1'' = y_N'' = 0$。由此可以获得 $10\ \mu\text{m} \sim 1\ \text{m}$ 之间任意大小碎片粒子通量。

以国际空间站的轨道及任务参数（2010 年发射、400 km、42°）为例进行三次样条插值函数方法的验证。表 2-6 为直接应用 ORDEM2000 模型与间接采用通量插值模型得到的任意大小碎片的通量分布对比，可以看出，基于三次样条函数的碎片通量插值模型的计算精度非常高，完全满足工程要求，可以应用该模型输出 $10\ \mu\text{m} \sim 1\ \text{m}$ 之间任意大小碎片的通量。

表 2-6　插值模型验证

碎片大小/mm	插 值 通 量		偏差/%
	ORDEM2000 直接计算	三次样条插值模型计算	
0.02	223.807	223.807	0
0.03	128.666	128.666	0
0.04	85.062 9	85.062 8	-0.000 1

续　表

碎片大小/mm	插 值 通 量		偏差/%
	ORDEM2000 直接计算	三次样条插值模型计算	
0.05	60.756 9	60.756 8	−0.000 1
0.06	45.611 6	45.611 6	0
0.07	35.464 2	35.464 2	0
0.08	28.307 2	28.307 2	0
0.09	23.061 5	23.061 5	0

4. ORDEM3.0 及后续模型

由于美国自 ORDEM2000 之后对中国严格禁运,并未获得 ORDEM3.0 及其后续版本。ORDEM3.0 于 2014 年 1 月发布,其特点如下:

(1) 获取的碎片观测和探测数据远多于之前的模型,每一个数据都包含星历,所有数据的累计时间相当于 6 年,采用了新的数据处理方法处理近地轨道碎片数据。对有实测数据的区域,模型预测值保持与实测数据一致,而在数据盲区之外,通过数据外推获得。

(2) 首次包括了 GEO 的碎片环境,采用 NASA 标准解体模型,通过外推得到比可观测碎片尺寸小的碎片预测值。

(3) 首次对直径小于 10 cm 的不同碎片密度进行分类,包括非解体碎片和解体碎片,而非解体碎片的成分和密度已知,如 Na/K 液滴。根据地面撞击试验数据把解体碎片密度分成三类:低密度(如塑料)、中密度(如铝)和高密度(如钢)。

(4) 输出数据中包括碎片数量误差,该误差包括观测误差、未来发射数量预报误差和建模误差;在航天器模式中,数量误差转化为通量误差。

(5) 不同于 ORDEM2000 只计算碎片在航天器所在平面内的速度,ORDEM3.0 还计算碎片的径向速度。也就是说 ORDEM2000 只计算二维平面内的碎片通量,而 ORDEM3.0 能够计算三维空间的碎片通量。

1) 数据源

ORDEM3.0 模型共有 9 个数据来源:美国空间监视网(Space Surveillance Network,SSN)编目数据;干草堆和干草堆辅助雷达观测数据;金石雷达观测数据;LDEF 的测量数据;哈勃望远镜太阳翼的测量数据;Eureca 卫星(European Retrievable Carrier)测量数据;航天飞机舷窗和辐射器测量数据;SFU(Space Flyer Unit)数据;和平号空间站的测量数据。

ORDEM3.0 依然把碎片分为 6 个级段,即大于 10 μm、大于 100 μm、大于

1 mm、大于 1 cm、大于 10 cm、大于 1 m。采用 SSN 数据构建 10 cm 和 1 m 碎片数量，采用 LDEF 数据和航天飞机数据构建 10 μm 和 100 μm 数据，采用干草堆雷达数据和金石雷达数据构建 1 mm 和 1 cm 碎片数量。1 cm 左右碎片缺乏观测和回收测量数据，采用了 SOCIT4 模拟卫星进行地面解体试验的数据拟合进行修正。

ORDEM3.0 可预测的时间范围为 1995 年~2035 年。

2）数据格式及分类

ORDEM2000 的空间碎片采用六个维度信息来表征，即时间、尺度、轨道高度、纬度、方向（当地水平面内）、速度大小（当地水平面内），而经度是随机的。ORDEM3.0 的空间碎片用八个维度信息来表征，除了上述 6 个信息外，还包括径向速度和材料类型。

径向速度说明 ORDEM3.0 可以表征椭圆轨道的空间物体。

材料类型共有五种，即 Na/K 液滴（$0.9\,\text{g/m}^3$）、完整物体、低密度解体碎片（$1.4\,\text{g/m}^3$）、中密度解体碎片（$2.8\,\text{g/m}^3$）和高密度解体碎片（$8.0\,\text{g/m}^3$），解体碎片包含了爆炸解体碎片、碰撞解体碎片、表面脱落碎片、固体发动机燃烧残渣。每一类型的碎片都包含数量、轨道和不确定度。

地球同步轨道的碎片采用 9 个维度信息来表征，除了上述 8 个信息外，还包括经度。由于缺乏数据支撑，地球同步轨道的碎片尺度最低为 10 cm。

3）数据输出

ORDEM3.0 采用以航天器为中心的三维球来表征碎片。三维球分为等面积的 396 份，对于每一单元，均划分碎片尺寸、碎片速度（相对航天器的速度）、方位角、升角。为方便风险评估，把碎片方向投影到以航天器为中心的二维圆顶图（Mollweide 投影）上表示，见图 2 – 9。图中每一个颜色块代表用"偏航/经度"和

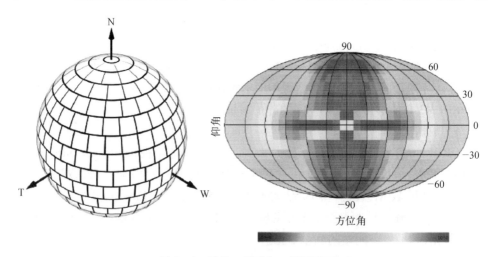

图 2 – 9　碎片三维球与二维圆顶图

"俯仰/纬度"表示的相对于航天器的碎片来流方向。

国际空间站轨道的空间碎片数据算例见图 2-10。

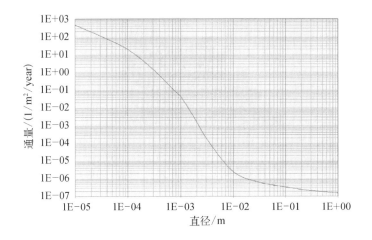

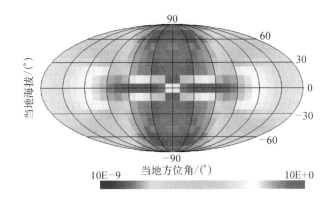

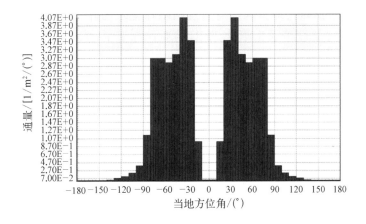

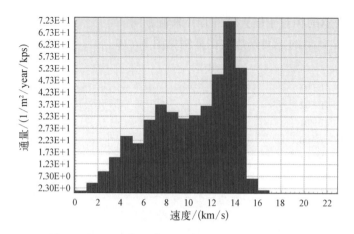

图 2 - 10   国际空间站 2010 年大于 10 μm 的碎片结果

2020 年 1 月，NASA 发布空间碎片模型最新版本 ORDEM3.1。ORDEM 3.1 使用了与 ORDEM3.0 相同的模型框架，并结合了最新的观测及测量数据，能够对 2016~2050 年期间从低地球轨道到地球同步轨道的空间碎片环境进行预测，也可用于预测地面设备对空间碎片的监测。

2.3.2   欧洲的 MASTER 系列模型

MASTER 模型是欧洲推出的环境模型，用以描述从近地轨道到地球同步轨道的空间碎片环境，包括 MASTER97、MASTER99、MASTER2001、MASTER2005、MASTER2009 和 MASTER-8。从 MASTER2001 开始，模型集成了 Divine-Staubach 等微流星体模型。

MASTER 的轨道空间建模方式与 ORDEM2000 相似，同样采用有限元思想对轨道空间进行离散处理；主要区别在于 MASTER 不直接从碎片的观测数据出发，而是分析空间碎片的来源。MASTER 认为空间碎片主要由 TLE 编目物体（two-line element catalog objects），即美国太空监视网跟踪记录的碎片、解体碎片、Na/K 液滴、固体发动机燃烧残渣及三氧化二铝产物、涂层碎屑、溅射物等七种碎片来源组成。

MASTER99 采用 Battelle 解体模型，碎片质量为独立变量，而从 MASTER2001 版本以后采用 NASA 解体模型，碎片尺寸为独立变量。对于尺寸大于 10 cm 的解体碎片，Battelle 和 NASA 解体模型的计算结果基本一致，但对于小尺寸的解体碎片，计算结果差别很大。通常认为解体碎片是空间碎片的主要来源，从而使得 MASTER99 计算结果与后续模型有较大差别。

MASTER 建模过程分为四个步骤：① 目标数据采集与处理，收集所有地面监测设施的跟踪碎片，并按统一格式处理；② 碎片仿真与数据融合，对每一个跟踪碎片进行仿真,并把所有碎片仿真数据整合到一起;③ 碎片数量验证,大于 10 cm 的碎片仿真数量与实际监测数据比较,小于 1 mm 的碎片仿真数量与回收数据进行比较;④ 输出空间碎片通量。

2.3.3　中国的 SDEEM 系列模型

SDEEM(Space Debris Environment Engineering Model)是中国自主开发的空间碎片环境工程模型。该模型可评估在轨航天器空间碎片环境,同时可实现地基探测结果仿真,是地基观测方案设计的重要依据之一。SDEEM 的适用范围为轨道高度 200~42 000 km,时间范围为 1959~2050 年,碎片尺寸范围为 10 μm~1 m。模型对不同空间碎片来源进行区分,其中包括解体碎片、NaK 液滴、固体发动机燃烧残渣及三氧化二铝产物、溅射物和剥落物。模型可以输出全部数据源共同作用的仿真结果,也可以输出单个数据源的仿真结果。

SDEEM 建模流程如图 2-11 所示。

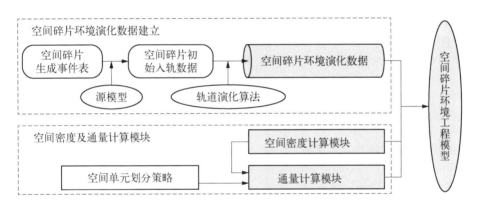

图 2-11　SDEEM 空间碎片环境工程模型建模流程

2.3.4　空间碎片环境模型比较

空间碎片环境模型直接影响着航天器风险评估的结果,其重要性不言而喻,因此不同空间碎片环境模型之间的比较和校验也较为引人关注。近二十年来,欧美之间围绕环境模型的对比分析就从未间断过,在有些空间碎片尺度范围相差可达数倍以上。近几年,中国的空间碎片环境模型也日渐成熟,也参与了模型之间的对比校验,相关的结果体现在国际标准 ISO12400：2021(E)中。

SDEEM 2019、MASTER2009 与 ORDEM3.0 在 2014 年国际空间站轨道的碎片环境对比如图 2-12 所示。SDEEM 2019 与 MASTER2009 的结果预示基本一致。

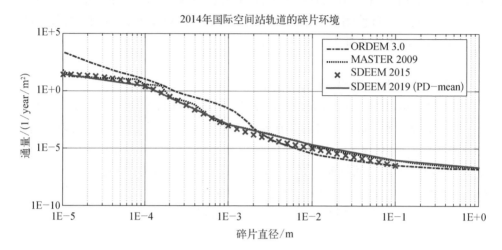

图 2－12　ISS 算例轨道通量计算结果对比

SDEEM 2019、MASTER－8 与 ORDEM3.1 在不同轨道高度空间物体密度的对比见图 2－13。从中看出,空间碎片模型之间依然存在较大差异,引起差异的原因除了建模方法的不同之外,对基础数据的掌握和分析是关键所在。

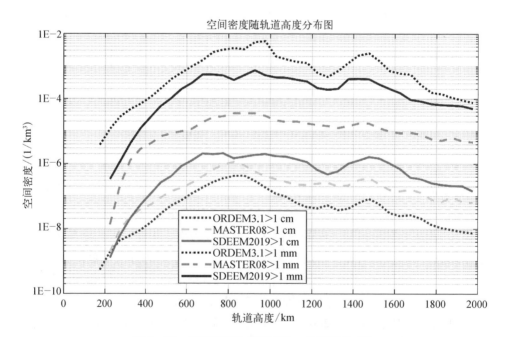

图 2－13　各模型碎片空间密度—轨道高度对比

2.4　空间碎片撞击风险评估工具开发

不同国家/组织开发空间碎片撞击风险评估工具所采取的方法不尽相同,但大体是相似的,均需对航天器进行建模,通过有限单元法或射线追踪法遍历微流星体/空间碎片各个来流方向、不同速度和尺寸大小等。下面以 MODAOST 为例进行展开介绍。

MODAOST(Meteoroid & Orbital Debris Assessment and Optimization System Tools)撞击风险评估软件是具有我国自主知识产权的空间碎片风险评估软件,主要功能是完成微流星体及空间碎片超高速撞击风险评估,包括撞击概率和损伤/失效概率评估,以为载人航天器和应用卫星的空间碎片撞击风险评估和防护设计提供工程实用的分析工具。MODAOST 以商业软件 PATRAN 为框架平台和前后置处理系统,实现了风险评估核心程序与 PATRAN 的无缝连接,使风险评估操作简单便捷、结果显示直观丰富;风险评估核心程序采用隐藏线算法实现遮挡计算,集成了常用的防护结构及其撞击极限方程方便工程应用,提供/集成了多个空间碎片模型接口供用户选择。

2.4.1　MODAOST 总体框架

图 2-14 给出了 MODAOST 撞击风险评估软件总体框架结构图。MODAOST 撞击风险评估软件框架结构主要由集成框架平台(PATRAN)、应用软件系统和前后置处理系统组成。其中,集成框架平台通过对 PATRAN 平台的应用开发为撞击风险评估软件提供集成框架,包括 PCL 函数库、数据库管理、执行控制和图形/数据接口等支持;前后置处理系统通过对 PATRAN 前后置功能的应用开发,提供了航天器几何建模、表面单元划分、运行工况定义和环境模型选择、分析结果回显等功能;应用软件系统包括几何建模模块、几何遮挡处理模块、MOD 环境模块、撞击特性数据库模块、MOD 撞击数和撞击概率模块、MOD 失效数和失效概率模块、防护结构单元模块等,其中除了 MOD 环境模块中的空间碎片环境是对已有环境代码的应用开发外,其余模块均为自主开发。

2.4.2　MODAOST 使用方法

1. 风险评估的一般流程与建模要求

使用 MODAOST 进行航天器风险评估的一般流程如图 2-15 所示。各部分与PATRAN 界面的对应关系参见图 2-16。几何模型建立(Geometry)、有限表面单元划分(Elements)和后处理(Results)使用同 PATRAN,详细的使用方法参见"MSC/PATRAN 用户手册"。

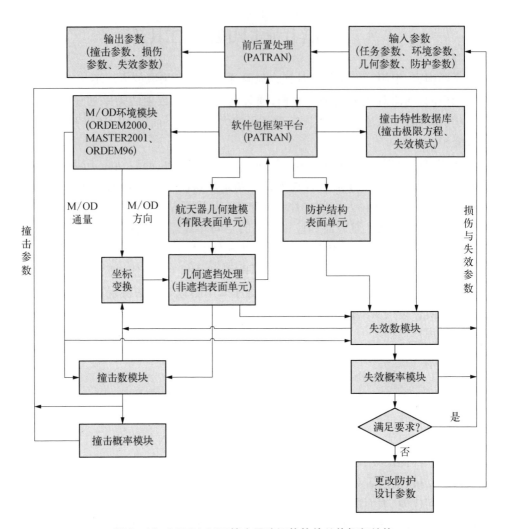

图 2‑14　MODAOST 撞击风险评估软件总体框架结构

图 2‑15　MODAOST 风险评估的一般流程

图 2 - 16　MODAOST 各部分功能与 PATRAN 界面的对应关系

2. 材料定义(Materials)

在 MODAOST 里,定义材料是指为航天器结构指定一个防护屏名称,然后为其赋予相关属性。MODAOST 定义所有的防护屏均属于各向同性材料模型、线弹性本构关系。防护结构名称及相关参数见表 2 - 7,所有参数的单位在界面上其词条名称后均有标明。其中,防护结构构型方案详见第 3 章。

表 2 - 7　防护结构构型方案名称及其所需参数

防护结构	参　　数	词　　条	单　位	备　　注
no wall 无防护屏	弹丸直径	Paticle_diameter	cm	0.001 cm~100 cm
single wall 单墙结构	靶板杨氏模量 靶板密度 靶板厚度 靶板布氏硬度	Youngs Modulus Target Density Target_Thickness Brinell Hardness	ksi g/cm^3 cm —	穿孔或崩落
	靶板杨氏模量 靶板密度 成坑深度 靶板布氏硬度	Youngs Modulus Target Density Craters_Depth Brinell Hardness	ksi g/cm^3 cm —	成坑深度
Whipple 防护结构	后墙屈服强度 后墙厚度 后墙密度 缓冲屏密度 缓冲屏厚度 缓冲屏-后墙间距	Yield Strength Target_Thickness Target Density Bumper Density Bumper Thickness Spacing	ksi cm g/cm^3 g/cm^3 cm cm	穿孔或崩落; 适用于铝缓冲屏、金属后墙和屈服强度在 100 ksi 内的高强度非金属后墙
Stuffed 填充式防护结构	后墙屈服强度 后墙厚度 后墙密度 缓冲屏总面密度 缓冲屏-后墙总间距	Yield Strength Target_Thickness Target Density Areal Density Spacing	ksi cm g/cm^3 g/cm^2 cm	穿孔或崩落; 适用于金属后墙

防护结构	参　数	词　条	单　位	备　注
multiple wall 多冲击防护结构	后墙屈服强度 后墙厚度 后墙密度 缓冲屏总面密度 缓冲屏-后墙总间距	Yield Strength Target_Thickness Target Density Areal Density Spacing	ksi cm g/cm³ g/cm² cm	穿孔或崩落； 适用于陶瓷缓冲屏 和金属后墙
Mesh double 网状双屏防护结构	后墙屈服强度 后墙厚度 后墙密度 缓冲屏总面密度 缓冲屏-后墙总间距	Yield Strength Target_Thickness Target Density Areal Density Spacing	ksi cm g/cm³ g/cm² cm	穿孔或崩落； 适用于金属后墙

3. 物理特性定义（Properties）

物理特性的定义较为简单，只需指定单元属于何种材料即可。由于在 MODAOST 里单元类型只有表面单元，因此界面只有一个，如图 2 - 17 所示。

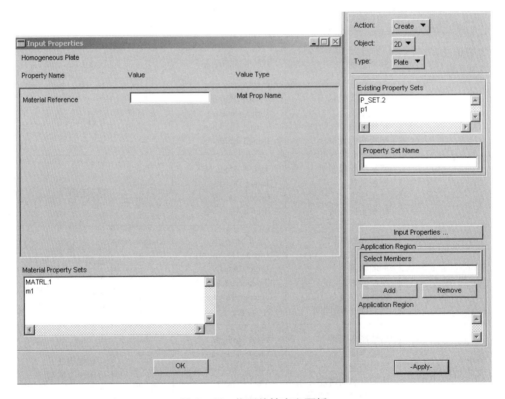

图 2 - 17　物理特性定义面板

4. 分析控制(Analysis)

分析控制菜单的作用是根据指定的控制信息,将 PATRAN 数据库中的数据写成求解器的输入文件,然后自动(手工)递交求解。待计算结束后,再将计算结果读回数据库。

递交的 Analysis 界面如图 2–18 所示。

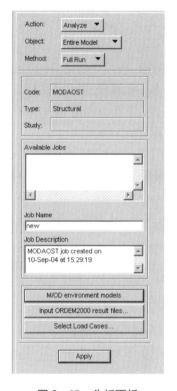

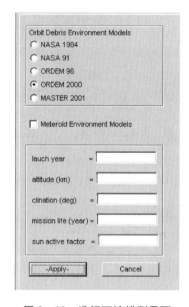

图 2–18　分析面板　　　　　　图 2–19　选择环境模型界面

当分析模型准备完毕后,递交计算的步骤如下:

(1)点击 M/OD environment models 按钮,出现如图 2–19 所示的界面。其中空间碎片环境模型选项为单选按钮,五个环境模型可以任选一个或者均不选,目前可用的空间碎片环境模型为 NASA91 和 ORDEM2000;微流星环境模型选项为复选框,用户可以根据计算要求选择一种环境模型或者同时选择一种空间碎片环境模型和微流星环境模型进行计算。由于 NASA91 和微流星模型 NASA SSP–30425 已经集成到 MODAOST 求解程序中,故没有相应界面。当选择 NASA91 时,用户需要输入下面五个参数:发射时间、轨道高度、轨道倾角、航天器寿命和太阳活动因子;当用户选择微流星模型时,需要输入轨道高度和航天器寿命两个参数;若用户选择 ORDEM2000,点击 Apply,系统将自动弹出 ORDEM2000 的界面,以

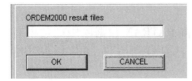

图 2－20　ORDEM2000 结果
文件输入界面

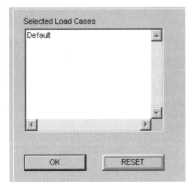

图 2－21　选择工况界面

进行相关环境模型计算(请参考 ORDEM2000 使用手册)。

(2)点击 Input ORDEM2000 result files … 按钮,出现如图 2－20 所示的界面。由于 ORDEM2000 每次计算的结果文件只包含一年的环境模型,故需要在此输入航天器整个寿命期间所包含的所有模型文件,文件名之间用逗号","隔开。

(3)点击 Select Load Cases … 按钮,系统弹出图 2－21 的界面,选择当前计算的工况。

(4)点击 Apply,系统自动生成 MODAOST 求解器的输入文件,并自动调用 MODAOST 执行文件进行求解计算。

MODAOST 的结果文件后缀为 els,在开始后处理前,首先需要将. els 文件读入 PATRAN,将 Action 设为 Read Results File,然后单击 Select Results File … 按钮,其界面如图 2－22 所示。

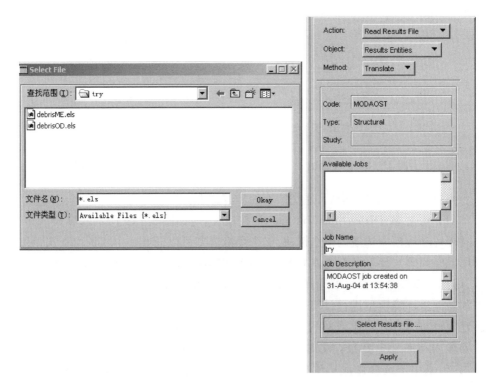

图 2－22　回读数据界面

在新出现的界面中选一个 ∗.els 文件,再单击 Apply,这样便将 els 文件中的信息写入到 PATRAN 数据库中以供后置处理。

2.5　空间碎片撞击风险评估工具校验

世界主要航天国家均开发了空间碎片撞击风险评估工具,并且不断迭代完善。为验证风险评估工具的正确性,IADC 组织了多次标准工况校验工作,有效促进了撞击风险评估工具性能的不断提高。

2.5.1　其他国家/组织的撞击风险评估工具

1. BUMPER

BUMPER 程序从 1990 年开始就是 NASA 及其合约伙伴开展空间碎片风险评估的标准程序,并经历了重大的修正和补充。NASA 约翰逊航天中心已将 BUMPER 应用于国际空间站、航天飞机、"和平号"空间站、舱外机动单元(EMU)宇航服和其他航天器(如:LDEF、铱星系统、跟踪与数据中继卫星、哈勃空间望远镜)。随着描述航天器各个分系统失效阈值的撞击极限方程不断改进和空间环境模型的持续演进,BUMPER 程序也不断进行补充修订,BUMPER 程序的验证及与其他 MOD 风险评估程序之间的横向校核工作已开展多轮。

图 2-23 阐明了 BUMPER 的分析过程。撞击极限方程和 MOD 环境模型嵌入其中,由 IDEAS 建立基于航天器几何形状的有限单元模型。

BUMPER 首先对有限单元模型中每个单元计算超过撞击极限的 MOD 粒子数及失效数,然后对所有单元或部分单元进行累加。失效数由每块单元上来自 90 个方向的空间碎片和 149 个方向的微流星撞击数来确定。每个危险方向都有一定的速度分布,也都有与每个单元对应的唯一撞击角度。环境模型将特定方向、特定速度分布的撞击数定义为总通量分数,被其他单元遮挡的危险方向将不参与计算。对超过撞击极限粒子数的计算是基于单元级的。

BUMPER 根据失效准则和风险计算得出功能失效、系统降级或航天器任务终止事件。BUMPER 也可应用于特定 MOD 粒子的非撞击概率评估。

BUMPER 根据用户的需求输出整个有限单元模型或部分有限单元模型的失效数(失效风险),同时产生风险等值云图,有限单元模型的高风险部分和低风险部分用不同的颜色来区分。MOD 的相对风险可作为撞击角度和速度的函数图形输出。此功能对找到最危险撞击角度/速度相当实用,也可指导超高速撞击试验设计。

2. ESABASE

ESABASE/DEBRIS 是欧空局用来评估航天器 MOD 撞击风险和失效风险的软件,已在欧洲空间计划中得到应用。

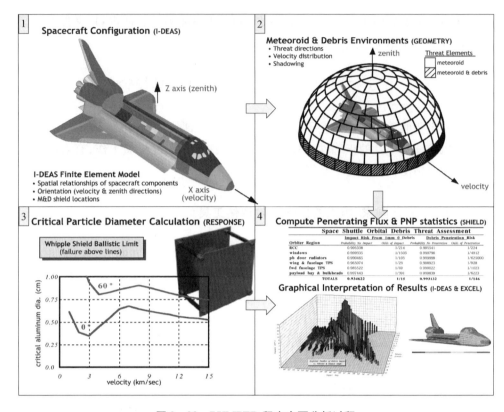

图 2-23　BUMPER 程序主要分析过程

ESABASE/DEBRIS 采用蒙特卡洛法进行 MOD 风险分析,根据通量模型给出的空间分布及速度分布情况进行加权处理进而确定射线数、射线方向和速度(可采用常量值和速度分布),追踪每条射线,同时考虑航天器各个部分之间的遮挡效应和防护结构,确定造成失效的临界粒子直径及其通量值,最后对所有单元的 MOD 风险进行累加。

ESABASE/DEBRIS 输出模型中每个单元的撞击数和失效数,结果可用三维等值图显示。

3. COLLO

该软件由俄罗斯开发。航天器模型由六种不同简单单元组成,所有简单单元均为凸面体,在表面进行勒贝格积分。相撞粒子的通量模型将速度分布转换到各方向的分布,其中不考虑被遮挡的方向,对具有第一类奇点的函数采用特殊的积分过程,撞击极限方程是这一转换的核心过程。对远距离防护结构(半透明防护表面)采用迭代方法进行处理。

4. MDPANTO

德国从 1988 年开始发展 MDPANTO 程序,可以计算 MOD 对航天器的撞击数

(弹坑深度、是否穿透等)。

程序由标准 FORTRAN 77 编写,可在任何一台拥有 FORTRAN 编译器的计算机上编译,输入输出均为文本文件。前后处理可由 PATRAN 等商业程序完成。

航天器表面由四边形单元描述。

2.5.2 校验工况选取

IADC 主要组织了三种校验工况[1],包括立方体、球体和简化空间站。立方体的边长为 1 m;球体的横截面积为 1 m²;简单空间站的立方体边长和柱段直径为 1 m,−X 柱段长 3 m,−Y 与−Z 柱段长 1 m,+Y 柱段长 2 m;具体见图 2−24。图中的+X 方向即航天器飞行方向,−Z 向为航天器对地方向。

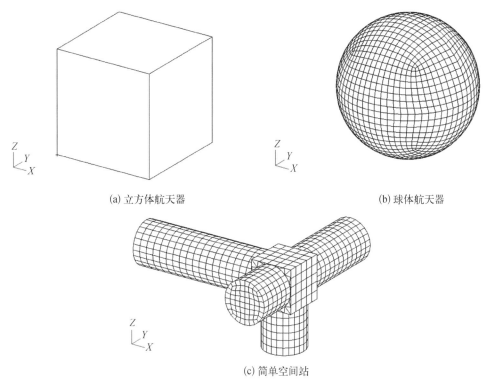

(a) 立方体航天器　　　　　　　　　　　(b) 球体航天器

(c) 简单空间站

图 2−24　校验工况的三个航天器

1. 单元划分

立方体划分为 6 个四边形表面单元,球体划分为 1 536 个四边形表面单元,简单空间站划分为 1 426 个四边形表面单元。

2. 任务参数

航天器任务的轨道高度 400 km,倾角 51.6°,发射时间 2002 年,在轨时间 1 年。

3. 环境模型及参数选取

空间碎片环境采用 NASA91 和 ORDEM2000 模型。

微流星体模型：MODAOST 和 MDPANTO 采用 NASA SSP 30425 A 版本；BUMPER 采用 NASA SSP 30425 B 版本；ESABASE 采用 Grün 模型。

微流星体密度：1.0 g/cm^3；空间碎片密度：2.8 g/cm^3。

4. 撞击极限方程选取

单墙结构和 Whipple 防护结构采用 Christiansen 撞击极限方程（1993）。

Whipple 防护结构：缓冲屏厚 2.0 mm、后墙厚 4.0 mm、两者间距 100 mm。

单墙结构和 Whipple 防护结构的缓冲屏采用 6061 - T6 铝（布氏硬度：95，密度：2.713 g/cm^3，声速：5.1 km/s）；Whipple 防护结构的后墙采用 2024 - T3 铝（屈服极限：324 MPa）。

2.5.3 校验结果对比

表 2 - 8 ~ 表 2 - 10 分别给出了立方体、球体和简单空间站的校验结果。

表 2 - 11 为立方体每个面的校验结果，详细比较了 MODAOST 与其他评估工具评估结果的分布；表 2 - 12 为 MODAOST 校验结果与其他同类软件的总体偏差。表中 $d \geqslant 0.01$ 表示直径大于等于 0.01 cm 的粒子撞击数，$d \geqslant 1.0$ 表示直径大于等于 1.0 cm 的粒子撞击数，$p \geqslant 0.1$ 表示成坑深度大于等于 0.1 cm 的粒子数，single 表示穿透 1.0 mm 厚的单墙结构的粒子数；double 表示穿透 Whipple 防护结构的粒子数；图 2 - 25 ~ 图 2 - 33 给出了撞击数和击穿数的单位面积分布。

表 2 - 8 立方体表面校验结果

		BUMPER	ESABASE	MDPANTO	MODAOST
NASA91	$d \geqslant 0.01$	4.464	4.560	4.473	4.473
	$d \geqslant 1.0$	5.689E-5	6.200E-5	5.702E-5	5.702E-5
	$p \geqslant 0.1$	8.218E-2	8.900E-2	8.094E-2	8.144E-2
	single	3.307E-1	3.600E-1	3.256E-1	3.276E-1
	double	2.052E-4	2.100E-4	2.034E-4	2.057E-4
ORDEM2000	$d \geqslant 0.01$	2.126E+1	—	2.139E+1	2.143E+1
	$d \geqslant 1.0$	2.875E-6	—	2.872E-6	2.873E-6
	$p \geqslant 0.1$	3.520E-1	—	3.360E-1	3.368E-1

续　表

		BUMPER	ESABASE	MDPANTO	MODAOST
ORDEM2000	single	1.711	—	1.642	1.639
	double	2.366E−5	—	2.257E−5	2.303E−5
Meteoroid	$d \geqslant 0.01$	1.201E+1	2.120E+1	2.164E+1	2.162E+1
	$d \geqslant 1.0$	3.510E−6	1.300E−6	1.360E−6	1.360E−6
	$p \geqslant 0.1$	1.013E−1	8.300E−2	9.064E−2	8.791E−2
	single	6.797E−1	6.000E−1	6.204E−1	6.004E−1
	double	3.154E−5	1.200E−5	1.142E−5	1.140E−5

表 2-9　球体表面校验结果

		BUMPER	ESABASE	MDPANTO	MODAOST
NASA91	$d \geqslant 0.01$	3.288	—	3.302	3.318
	$d \geqslant 1.0$	4.191E−5	—	4.209E−5	4.230E−5
	$p \geqslant 0.1$	5.518E−2	—	5.355E−2	5.258E−2
	single	2.220E−1	—	2.154E−1	2.115E−1
	double	1.425E−4	—	1.394E−4	1.417E−4
ORDEM2000	$d \geqslant 0.01$	1.695E+1	—	1.699E+1	1.698E+1
	$d \geqslant 1.0$	2.134E−6	—	2.141E−6	2.143E−6
	$p \geqslant 0.1$	2.157E−1	—	2.050E−1	2.009E−1
	single	1.082	—	1.033	1.005
	double	1.554E−5	—	1.607E−5	1.509E−5
Meteoroid	$d \geqslant 0.01$	8.075	—	1.457E+1	1.461E+1
	$d \geqslant 1.0$	2.360E−6	—	9.200E−7	9.196E−7
	$p \geqslant 0.1$	6.463E−2	—	5.779E−2	5.637E−2
	single	4.362E−1	—	3.976E−1	3.872E−1
	double	1.997E−5	—	7.180E−6	7.196E−6

表 2 - 10　简单空间站校验结果

		BUMPER	ESABASE	MDPANTO	MODAOST
NASA91	$d \geqslant 0.01$	1.758E+1	1.700E+1	1.761E+1	1.766E+1
	$d \geqslant 1.0$	2.240E-4	2.300E-4	2.245E-4	2.251E-4
	$p \geqslant 0.1$	2.992E-1	3.100E-1	2.920E-1	2.889E-1
	single	1.204	1.240	1.175	1.162
	double	7.837E-4	7.400E-4	7.654E-4	7.755E-4
ORDEM2000	$d \geqslant 0.01$	9.170E+1	—	9.165E+1	9.193E+1
	$d \geqslant 1.0$	1.151E-5	—	1.149E-5	1.151E-5
	$p \geqslant 0.1$	1.227	—	1.148	1.125
	single	6.150	—	5.787	5.629
	double	8.934E-5	—	9.054E-5	8.581E-5
Meteoroid	$d \geqslant 0.01$	5.130E+1	8.960E+1	9.247E+1	9.245E+1
	$d \geqslant 1.0$	1.499E-5	5.600E-6	5.820E-6	5.818E-6
	$p \geqslant 0.1$	4.187E-1	3.400E-1	3.732E-1	3.632E-1
	single	2.819	2.470	2.564	2.491
	double	1.297E-4	4.900E-5	4.657E-5	4.652E-5

表 2 - 11　立方体每个面校验结果

MDPANTO(NASA 91)						
	$+X$ 面	$+Y$ 面	$-Y$ 面	$-X$ 面	$+Z$ 面	$-Z$ 面	合计
$d \geqslant 0.01$	2.327	1.073	1.073	0	0	0	4.473
$d \geqslant 1.0$	2.966E-5	1.368E-5	1.368E-5	0	0	0	5.702E-5
$p \geqslant 0.1$	5.506E-2	1.294E-2	1.294E-2	0	0	0	8.094E-2
single	2.215E-1	5.207E-2	5.207E-2	0	0	0	3.256E-1
double	1.198E-4	4.178E-5	4.178E-5	0	0	0	2.034E-4

续　表

MODAOST(NASA 91)						
$d \geqslant 0.01$	2.328	1.074	1.074	0	0	0	4.476
$d \geqslant 1.0$	2.968E−5	1.369E−5	1.369E−5	0	0	0	5.706E−5
$p \geqslant 0.1$	5.568E−2	1.288E−2	1.288E−2	0	0	0	8.136E−2
single	2.243E−1	5.168E−2	5.168E−2	0	0	0	3.264E−1
double	1.213E−4	4.221E−5	4.221E−5	0	0	0	2.057E−4
MDPANTO(ORDEM2000)						
$d \geqslant 0.01$	5.284	7.757	7.785	5.643E−1	0	0	2.139E+1
$d \geqslant 1.0$	1.306E−6	7.733E−7	7.743E−7	1.824E−8	0	0	2.872E−6
$p \geqslant 0.1$	5.232E−2	1.433E−1	1.399E−1	4.711E−4	0	0	3.360E−1
single	2.729E−1	6.903E−1	6.749E−1	3.985E−3	0	0	1.642
double	3.189E−6	9.557E−6	9.716E−6	1.047E−7	0	0	2.257E−5
MODAOST(ORDEM2000)						
$d \geqslant 0.01$	5.311	7.731	7.843	5.402E−1	0	0	2.143E+1
$d \geqslant 1.0$	1.307E−6	7.732E−7	7.742E−7	1.826E−8	0	0	2.873E−6
$p \geqslant 0.1$	5.432E−2	1.394E−1	1.430E−1	9.303E−5	0	0	3.368E−1
single	2.713E−1	6.755E−1	6.915E−1	1.068E−3	0	0	1.639
double	8.430E−6	7.322E−6	7.229E−6	4.446E−8	0	0	2.303E−5
BUMPER(ORDEM2000)						
$d \geqslant 0.01$	5.162	7.790	7.901	4.570E−1	0	0	2.131E+1
$d \geqslant 1.0$	1.316E−6	7.702E−7	7.726E−7	1.724E−8	0	0	2.876E−6
$p \geqslant 0.1$	5.936E−2	1.447E−1	1.482E−1	5.177E−4	0	0	3.528E−1
single	2.998E−1	6.972E−1	7.131E−1	4.418E−3	0	0	1.714
double	8.925E−6	7.366E−6	7.366E−6	7.294E−8	0	0	2.373E−5
MDPANTO(Meteoroid)						
$d \geqslant 0.01$	7.692	3.626	3.626	9.851E−1	5.177	5.313E−1	2.164E+1
$d \geqslant 1.0$	4.840E−7	2.282E−7	2.282E−7	6.198E−8	3.257E−7	3.343E−8	1.360E−6

续　表

MDPANTO（Meteoroid）						
$p \geqslant 0.1$	5.247E-2	1.047E-2	1.047E-2	7.178E-4	1.370E-2	1.064E-4	8.794E-2
single	3.515E-1	7.770E-2	7.770E-2	5.938E-3	1.025E-1	5.095E-3	6.204E-1
double	7.063E-6	1.275E-6	1.275E-6	8.077E-8	1.658E-6	7.030E-8	1.142E-5

MODAOST（Meteoroid）						
$d \geqslant 0.01$	7.643	3.625	3.625	9.964E-1	5.194	5.320E-1	2.162E+1
$d \geqslant 1.0$	4.810E-7	2.282E-7	2.282E-7	6.271E-8	3.269E-7	3.348E-8	1.360E-6
$p \geqslant 0.1$	5.219E-2	1.050E-2	1.050E-2	7.316E-4	1.387E-2	1.140E-4	8.791E-2
single	3.475E-1	7.408E-2	7.408E-2	5.569E-3	9.826E-2	9.074E-4	6.004E-1
double	7.020E-6	1.277E-6	1.277E-6	8.180E-8	1.675E-6	7.008E-8	1.140E-5

表 2-12　MODAOST 校验结果总体偏差

校　核　项　目	与国外同类软件的偏差范围	国外同类软件间的偏差范围
空间碎片撞击数	0~8.0%	0~8.2%
微流星体撞击数	0~4.6%	2.1%~4.6%
空间碎片失效数	0.2%~9.0%	0.9%~9.6%
微流星体失效数	0~13.3%	3.3%~18.8%

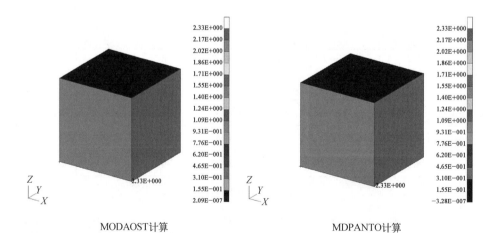

MODAOST计算　　　　　　　　　　　MDPANTO计算

图 2-25　立方体单位面积撞击数分布（NASA91，$d \geqslant 0.01$ cm）

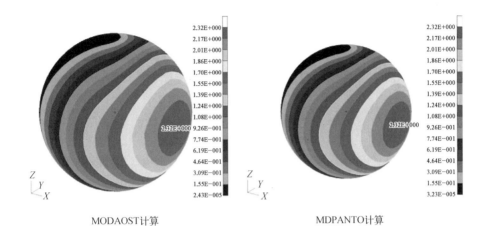

MODAOST计算　　　　　　　　　　MDPANTO计算

图 2 - 26　球体单位面积撞击数分布（NASA91, $d \geqslant 0.01$ cm）

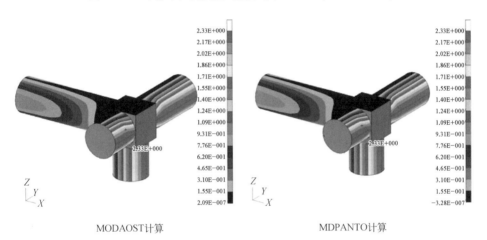

MODAOST计算　　　　　　　　　　MDPANTO计算

图 2 - 27　简单空间站单位面积撞击数分布（NASA91, $d \geqslant 0.01$ cm）

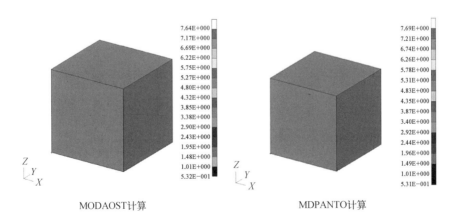

MODAOST计算　　　　　　　　　　MDPANTO计算

图 2 - 28　立方体单位面积撞击数分布（Meteoroid, $d \geqslant 0.01$ cm）

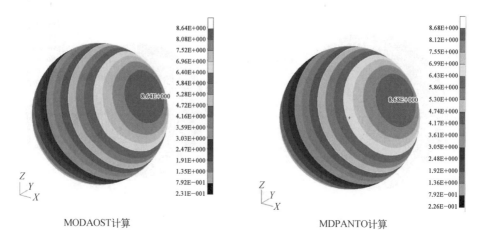

MODAOST计算　　　　　　　　　　　　　MDPANTO计算

图 2-29　球体单位面积撞击数分布(Meteoroid, $d \geqslant 0.01$ cm)

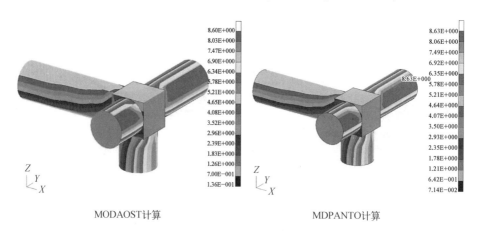

MODAOST计算　　　　　　　　　　　　　MDPANTO计算

图 2-30　简单空间站单位面积撞击数分布(Meteoroid, $d \geqslant 0.01$ cm)

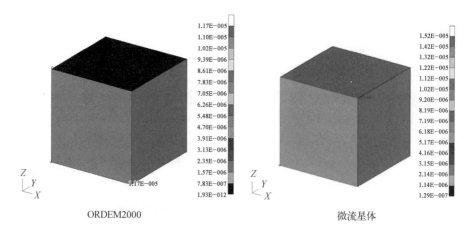

ORDEM2000　　　　　　　　　　　　　　微流星体

图 2-31　立方体单位面积 Whipple 击穿数分布

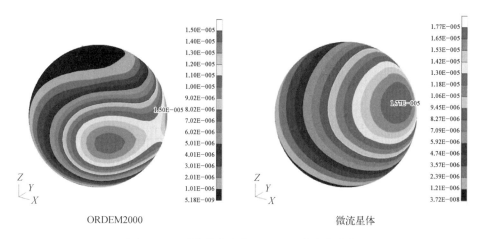

图 2 - 32　球体单位面积 Whipple 击穿数分布

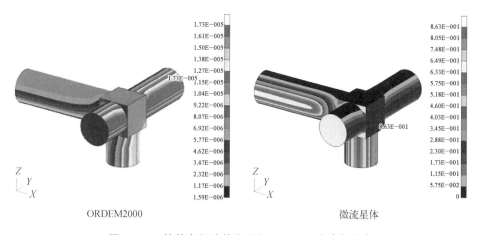

图 2 - 33　简单空间站单位面积 Whipple 击穿数分布

2.6　空间碎片撞击风险评估工具应用

2.6.1　航天器运行参数及碎片环境

我国天宫一号的运行轨道为圆轨道,轨道高度 400 km,轨道倾角 42°,2010 年发射,运行 3 年。

空间碎片环境采用 ORDEM2000 描述,空间碎片平均密度是 2.8 g/cm³。

微流星体环境采用 NASA SSP 30425 描述,微流星体平均密度 1.0 g/cm³。采用 NASA90 速度模型,速度范围为 11.1～72.2 km/s,平均速度为 17 km/s。

3 年内空间碎片与微流星体典型直径通量见图 2 - 34 和表 2 - 13,空间碎片典型直径通量速度分布见图 2 - 35,空间碎片典型直径通量空间分布见图 2 - 36。

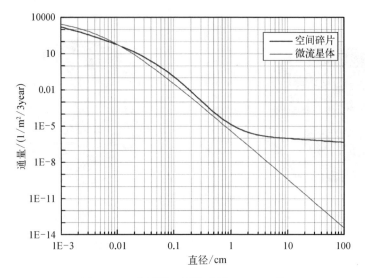

图 2 - 34　典型航天器轨道的 MOD 环境

表 2 - 13　典型航天器轨道的 MOD 典型直径通量(1/m² /3year)

环 境 模 型	>100 μm	>1 mm	>1 cm
ORDEM2000	5.698 1E+1	1.247 1E-1	1.388 7E-5
Meteoroid	6.191 9E+1	3.168 1E-2	3.896 8E-6
TOTAL	1.189 0E+2	1.563 9E-1	1.778 4E-5

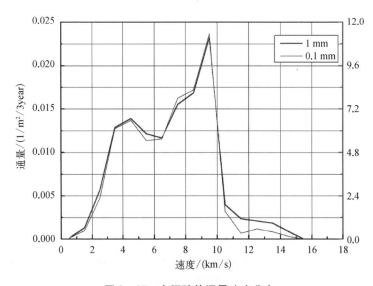

图 2 - 35　空间碎片通量速度分布

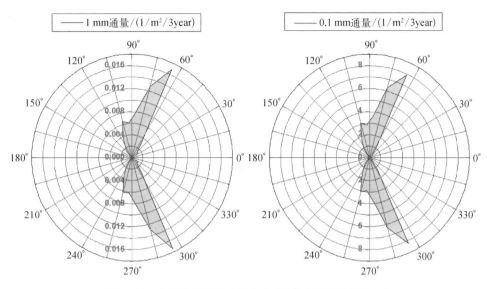

图 2‑36　空间碎片通量空间分布（0°为航天器飞行方向）

2.6.2　防护结构和撞击极限方程

天宫一号舱壁为 2.5 mm 厚的 5A06 铝板,缓冲屏为 1.0 mm 厚的 5A06 铝板,两者间距 70 mm。采用 Christiansen 单墙撞击极限方程(1993)描述未防护状态的结构防护性能,采用 Christiansen Whipple 撞击极限方程(2001)描述 Whipple 结构防护性能。

失效准则采用穿透准则。

2.6.3　风险评估结果

天宫一号 MOD 风险评估结果分别见表 2‑14 和图 2‑37。其中,表 2‑14 表示的防护状态,仅代表以天宫一号为算例,计算其表面完全未防护和完全覆盖 whippe 防护结构构型两种工况下的撞击数与非撞击概率,不代表工程中技术状态。

表 2‑14　天宫一号目标飞行器的 MOD 风险评估

	撞　击　数	非撞击概率 PNI
>100 μm	2.622 2E+3	0.000 0
>1 mm	4.055 3	0.017 3
>1 cm	4.184 0E−4	0.999 6

续　表

	击　穿　数	非击穿概率 PNP
未防护	6.517 8	0.001 5
Whipple 防护	7.636 2E-2	0.926 5

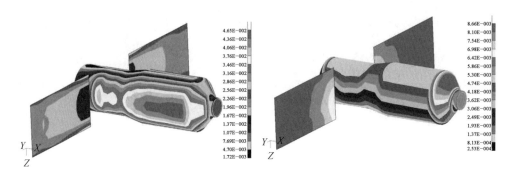

ORDEM2000　　　　　　　　　　　微流星体

图 2-37　单位面积 MOD 撞击数分布(粒子直径>1 mm)

　　微流星体撞击的最大危险区域在航天器迎风面的侧上方,空间碎片撞击的最大危险区域在航天器飞行方向的两个侧方。

　　天宫一号遭受厘米级以上碎片的撞击概率只有 0.000 4(约 7 000 年遭遇 1 次撞击);而遭受毫米级碎片的撞击概率达 98.27%(约 9 个月遭遇 1 次撞击);未防护情况的 MOD 击穿概率达 99.85%(约 5.5 个月击穿 1 次);采用 Whipple 防护的 MOD 击穿概率下降到 7.35%(约 40 年击穿 1 次)。

参考文献

[1]　IADC. Protection Manual Version 7.0[R]. Inter Agency Debris Committee, 2014.

[2]　Kessler D J. Space Station Program Natural Environment Definition for Design, Revision A [R]. NASA SSP-30425, 1991.

[3]　Divine N T. Five Populations of Interplanetary Meteoroids[J]. Journal of Geophysical Research, 1993, 98(E9): 17029-17048.

[4]　Divine N, Grün E, Staubach P. Modeling the Meteoroid Distributions in Interplanetary Space and Near-Earth[C]. Darmstadt: Proceedings of the First European Conference on Space Debris, 1993.

[5]　Cour-Palais B G. Meteoroid Environment Model-1969: Near Earth to Lunar Surface[R]. NASA SP-8013, 1969.

[6]　Kessler D J, Stansbery E G, Zhang J, et al. A Computer Based Orbital Debris Environment

Model for Spacecraft Design and Observations in Low Earth Orbit[R]. NASA TM 104825, 1996.

[7] Liou J C, Matney M, Anz-Meador P, et al. The New NASA Orbital Debris Engineering Model ORDEM2000[R]. NASA/TP 2002 - 210780, 2002.

第3章
空间碎片撞击极限方程及防护结构优化设计

自20世纪50年代起,NASA等机构就开始了针对微流星体的防护研究,后来随着国际空间站的论证及建设,空间碎片问题变得越来越突出,于是开展了大量空间碎片防护研究。防护结构是防护研究的重点,从基本的Whipple单缓冲屏防护结构,发展到填充式双缓冲屏防护结构,后续又针对特殊防护需求,开发了防护性能更强的铝网缓冲屏、铝蜂窝缓冲屏、不同纤维材料组合缓冲屏、柔性缓冲屏等防护结构,并试验研究了相应防护结构的超高速撞击特性及撞击极限方程[1,2]。2000年后,国内科研院所和高校也面向我国空间站建设任务,开始了防护结构及材料的研究工作,研究了多类防护结构及材料的超高速撞击性能,并开展了撞击极限方程建模方法研究。空间碎片防护结构属于航天器本体结构外的附加部分,为合理有效缩减防护结构重量,需开展防护结构优化设计,目前国内外在防护结构优化理论研究基础上开发了相应优化软件工具[3]。

3.1　空间碎片防护构型及材料

国内外相关研究机构根据航天器不同的空间碎片防护需求,研究了多种空间碎片防护构型,试验了不同防护屏材料,开发了一系列高性能的空间碎片防护结构。

3.1.1　防护构型设计技术

空间碎片防护结构根据防护目标和防护手段的不同,可分为防护屏式结构防护和非防护屏式结构防护两种。其中防护屏式结构防护是防护结构设计技术的研究重点。非防护屏式防护,以航天器本体结构作为防护手段,具有简单易行、防护成本低等特点,是应首先考虑的防护措施。

1. 航天器主结构防护

航天器主结构是航天器的典型外露结构,其外露表面积较大,而且支撑连接着航天器仪器设备和部件,容易遭受空间碎片撞击并产生严重后果,因此主结构是航天器的主要防护对象之一。

航天器主结构的常用材料,如铝合金、碳纤维等,在承受超高速撞击时表现出不同的动力学行为,具有不同的防护性能。应充分考虑撞击风险大小、内部设备关键程度、易损性及设计要求,合理选择结构材料。

航天器常用的蜂窝夹层结构具有一定空间碎片防护效果。蜂窝夹层结构承受粒子超高速撞击的能力较强,可分散二次碎片云,尤其是二次碎片云中的大尺寸颗粒,常用于航天器易受空间碎片撞击的表面,如正对飞行方向的表面。

碳纤维复合材料也是一种有效的防护材料,它兼有多种材料的优点。其超高速撞击性能依赖于材料的化学组成、纤维束尺寸及纤维束状况(如纤维布或编织材料)。实验表明:合适的复合材料结构可以减少撞击产生的层裂现象,有效分散碎片云,降低受保护设备的损坏程度。特别是以复合材料为蒙皮的蜂窝夹层结构对某些特定条件下的粒子撞击可进行有效防护。

舷窗是载人航天器提高居住舒适性和进行科学实验与观测的重要部件。对舷窗的防护设计包括材料选择和结构设计两方面。美国航天飞机和国际空间站都设计了三窗体系,外窗可损坏,主窗承受冲击载荷,内窗备用。考虑到舷窗并不需要在整个任务期间都保持透明状态,国际上有专家提出在舷窗内安装百叶窗式防护结构,可以打开也可关闭,这为舷窗的防护设计提供了可选方案。

2. 结构遮挡防护

在空间碎片环境里,面向粒子来流方向的航天器结构为其后面的结构起了一定的防护作用,于是在结构之间形成遮挡防护。因此可将易受空间碎片撞击损坏的重要部件置于对防护没有特殊要求的结构或部件之后,形成遮挡防护。合理应用结构遮挡防护,可以在不增加或少量增加结构重量的情况下提高整体结构的防护性能,降低航天器的失效风险。为提高卫星的生存能力,保护星体内重要设备/部件免遭空间碎片撞击破坏,实现星体内设备布局的优化自动调整,英国进行了航天器内部设备布局优化技术研究,并在防护设计软件 SHIELD 中增加了设备布局优化功能。

国际空间站对结构遮挡防护进行了成功应用。由于俄罗斯服务舱的空间碎片防护设计未达到防护指标要求,降低了整个空间站的非失效概率,为此采取了结构遮挡防护措施,垂直舱段柱面增加专门防护屏结构,使其与美国舱的太阳翼和热辐射器共同形成"非正投影"遮挡防护,有效提升了俄罗斯服务舱的防护能力。

3. 防护屏式防护结构

在被防护结构(后墙)外一定距离处增设一个或多个防护屏(缓冲屏)形成了防护屏式防护结构。Fred Whipple 首先于 20 世纪 40 年代提出了附加一个缓冲屏的防护屏式防护结构,后人称之为 Whipple 防护结构[4]。之后的几十年里,在 Whipple 防护结构基础上,美国、欧洲、俄罗斯、日本的航天机构基于不同构型或不同材料开发出多种防护结构。

与非防护屏式防护结构相比,Whipple 防护结构的防护能力有了较大改进。当弹丸撞击速度在 3 km/s 以下时,这两种结构的防护能力相差不大;但当撞击速度超过 3 km/s 时,Whipple 防护结构的防护能力得到大幅提高。

从构成上来看,各类防护结构都由三部分组成:后墙(被防护结构,即航天器本体结构),一个或多个缓冲屏,后墙和最外缓冲屏的间距。以 Whipple 防护结构为例对各组成部分在空间碎片防护中所起的作用进行分析。如图 3-1 所示,缓冲屏用于破碎、熔化甚至汽化弹丸,形成由弹丸碎片和缓冲屏碎片组成的碎片云,碎片云除一小部分反溅喷出外,大部分向前运动抛向后墙;碎片云在向前的运动过程中不断拉长和膨胀,间距的作用就是使碎片云在横向得到一定程度的膨胀,扩大对后墙的作用区域,由此减小对后墙单位面积的冲量,降低对后墙的破坏;后墙通过弹塑性变形或侵蚀成坑吸收碎片云的碰撞动能或冲击动量,避免发生穿孔或层裂剥落等失效破坏[1]。

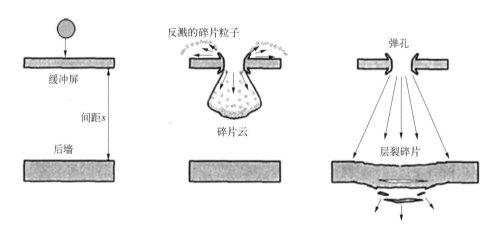

图 3-1   防护结构的防护原理

按照防护屏的数量,可将现有的防护结构分为单缓冲屏防护结构、双缓冲屏防护结构和多缓冲屏防护结构。其中,单缓冲屏防护结构只有一个缓冲屏,结构简单,防护能力较弱,如基本 Whipple 防护结构、泡沫铝单缓冲屏防护结构等。

在缓冲屏和后墙之间布置一中间缓冲屏,形成双缓冲屏防护结构。中间缓冲屏进一步破碎粒子,并更大程度地熔化/汽化粒子,降低碎片云速度,还可一定程度地阻挡残余碎片穿过缓冲屏,减小对后墙的破坏。双缓冲屏防护结构包含以下几类:Nextel/Kevlar 填充式防护结构,网状双缓冲屏防护结构式,Nextel 312 AF62 填充式防护结构,增强式双缓冲屏防护结构,加阻尼层的双缓冲屏防护结构,多层双缓冲屏防护结构等[5-10]。

多缓冲屏防护结构含有三个或三个以上缓冲屏,具有以下优点:斜碰撞时向外溅射的二次碎片的破坏性较小;将动能转化为热能的效率较高;对弹丸形状不敏感;对碰撞角不敏感;对后墙的累积破坏小。其主要有以下几类:Nextel 多缓冲屏防护结构,Nextel/铝多缓冲屏防护结构,柔性可展开防护结构,可膨胀多缓冲屏防护结构等[11-13]。

上述各类防护结构均由 Whipple 防护构型发展而来,均利用了外增防护屏的缓冲防护原理。因此可将 Fred Whipple 最早提出的防护结构称为基本 Whipple 防护结构,其余各类结构称为增强型 Whipple 防护结构。以下对各类防护结构的组成及特点进行介绍。

1) 单缓冲屏防护结构

(1) 基本 Whipple 防护结构

Fred Whipple 提出的防护结构如图 3-2 所示,构型简单,总间距相对较小,防护能力不高,主要用于空间碎片撞击风险不太高部位的防护。该结构在国际空间站上得到了广泛应用。

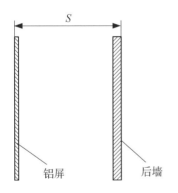

图 3-2　**Whipple 防护结构**

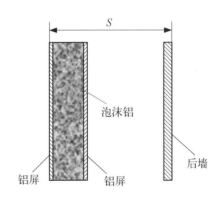

图 3-3　**泡沫铝单缓冲屏防护结构**

(2) 泡沫铝单缓冲屏防护结构

泡沫铝单缓冲屏防护结构如图 3-3 所示,缓冲屏由泡沫铝及前后两块铝面板组成。泡沫铝结构具有较高刚度,可节省防护屏间的支撑固定结构质量(即非弹道质量)。超高速碰撞实验表明此结构具有良好的撞击特性,可使速度 2.6 km/s 的铝质弹丸熔化,使速度 4~6 km/s 的铝质弹丸完全熔化。实验还表明,泡沫铝前面板增强了对弹丸的破碎能力,如果其材料选择合理、尺寸设计恰当,会进一步提高破碎弹丸的能力;但泡沫铝后面板并不能使防护性能得到提高。

国际空间站上欧空局 Columbus 舱和美国 2 号节点舱的防护结构中采用了泡沫铝缓冲屏,有效节省了防护结构质量。

国内文献[14]研究了波纹夹层结构作为缓冲屏的防护结构超高速撞击特性;国内文献[15]设计了泡沫铝单缓冲屏及填充式防护结构,并试验研究了其超高速撞击特性。

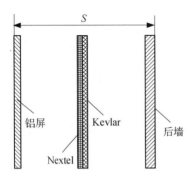

图 3-4 Nextel/Kevlar 填充式防护结构

2）双缓冲屏防护结构

（1）Nextel/Kevlar 填充式防护结构

填充式防护结构的构成见图 3-4,与 Whipple 结构相比,增加了中间缓冲屏（又称填充层）,该缓冲屏由 Nextel 陶瓷布及 Kevlar 纤维组成。Nextel 陶瓷布、Kevlar 纤维与铝合金（如 Al6061）的力学性能对比见表 3-1,可见 Nextel 陶瓷布具有非常高的弹性模量,可对弹丸产生有效的冲击和破碎;Kevlar 纤维具有较高的强度质量比,可更好地缓冲碎片云的撞击速度。此外,填充层经二次碎片云撞击后产生的碎屑尺寸非常小,降低了对后墙的破坏威胁。

表 3-1 Nextel、Kevlar 和铝合金的力学性能对比

	Nextel 312	Kevlar 29	Al6061
密度/（g/cm³）	2.70	1.44	2.71
拉伸强度/MPa	1 724	3 620	310
弹性模量/GPa	151.7	82.7	69.0

超高速撞击实验表明,填充式防护结构的防护能力明显优于同质量的铝合金双缓冲屏防护结构及填充层单纯为 Nextel 或 Kevlar 的填充式防护结构。

填充式防护结构因其只有两层缓冲屏,对防护空间要求不高,表现出优异的防护性能,因此成为国际空间站上采用的第二大类防护结构。

（2）铝网双缓冲屏防护结构

铝网双缓冲屏防护结构由三个缓冲屏及后墙组成,见图 3-5。铝网缓冲屏由铝丝正交编织而成,连续缓冲屏为铝合金材料,高强纤维屏材料选用 Spectra、Kevlar 或 Nextel,后墙材料为铝合金。

这种防护结构与具有相同防护能力的 Whipple 防护结构相比,重量减轻 50% 左右,且减少了具有破坏性的二次碎片数量。铝网缓冲屏对弹丸的破碎能力超过具有相同质量的连续缓冲屏,且铝网受弹丸撞击产生的碎屑尺寸较小,扩散角较大,由此降低了对后墙

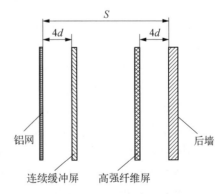

图 3-5 铝网双屏防护结构（d 为弹丸直径）

的破坏力,同时也降低了反溅的二次碎片对邻近设备的损伤。连续缓冲屏对残余的弹丸碎片产生二次冲击,使其进一步碎化、熔化或汽化。高强纤维屏可阻止固态粒子继续向前运动,或有效降低其运动速度,进一步减小了碎片的撞击破坏力。国际空间站的部分俄罗斯舱段(如 FGB 舱段)采用了铝网双屏防护结构。

（3）Nextel/泡沫填充式防护结构

Nextel/泡沫填充式防护结构见图 3－6,填充式缓冲屏由 Nextel AF62 陶瓷布和多层聚亚安酯泡沫复合而成。实验表明 Nextel 陶瓷布实现了有效防护,多层聚亚安酯泡沫提供了高效的能量耗散基体,增强了结构防护性能。

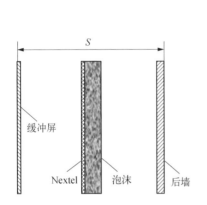

图 3－6　Nextel/泡沫填充式防护结构

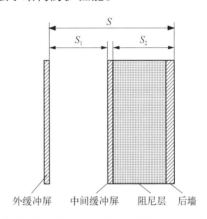

图 3－7　加阻尼层的双缓冲屏防护结构

（4）加阻尼层的双缓冲屏防护结构

加阻尼层的双缓冲屏防护结构如图 3－7 所示,其在第二缓冲屏和后墙之间增加了多孔低密度材料制成的阻尼层,两缓冲屏材料为铝合金 D16T。

仿真和实验结果表明,加阻尼层的防护结构与具有相同结构参数的无阻尼层防护结构相比,在碰撞速度为 4～5 km/s 时,两者的防护性能相当;而在碰撞速度为 6.6 km/s 时,阻尼层尽管起到了减缓二次碎片云的作用,却降低了防护结构的整体防护能力。这说明后墙前增加阻尼层并不会带来防护性能的提高。

（5）多层双缓冲屏防护结构

多层双缓冲屏防护结构有两个缓冲屏,每个缓冲屏又包含多层材料。

图 3－8 给出了某多层双缓冲屏防护结构,其第一缓冲屏由 3 层组成,第二缓冲屏由 6 层组成,各层材料及面密度见表 3－2,大部分缓冲屏材料采用了高强纤维 Vectran。这种材料与 Kevlar 及 Nextel 相比,强度更高,密度更低。

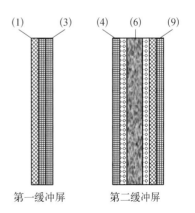

图 3－8　多层双缓冲屏防护结构

表3-2　缓冲屏各层的材料及面密度

各层编号	1	2	3	4	5	6	7	8	9
材料	不锈钢网	Vectran纤维板	Vectran纤维板	Vectran纤维板	Vectran编织板	Vectran线团	Vectran编织板	Vectran编织的铝网	Vectran纤维板
面密度/(kg/m^2)	1.96	1.30	1.30	1.30	0.41	1.00	0.41	0.60	1.30

超高速撞击实验表明,该结构能抵御直径为 1.3 cm、质量为 1 g、速度为 6.59 km/s 的聚碳酸酯弹丸的撞击。实验中,第 5 层 Vectran 编织板被撞出直径约为 2.0 cm 的穿孔,但第 6 层 Vectran 线团未被穿透,阻止了弹丸的前进,弹丸变成一些长约 0.7 cm 的聚碳酸酯碎片。原因可能是 Vectran 编织布和 Vectran 线团的组合使用有效耗散了超高速碰撞引起的冲击波能量,经 Vectran 纤维编织的铝网防护能力得到了进一步提高。如果采用多层双缓冲屏防护结构取代国际空间站日本实验舱的原防护结构,在防护能力相同的情况下,总面密度会降低一半。

国际空间站上防护能力最强的防护结构只能有效抵御 1 cm 及以下微小粒子的撞击,而多层双屏防护结构为中等尺度碎片($1 cm<d<10 cm$)的防护结构开发提供了一种新的设计理念,可在多层双缓冲屏基础上开发出多层多缓冲屏结构用于中等尺度碎片防护。

（6）其他双缓冲屏防护结构

文献[16]、文献[17]分别设计了基于泡沫金属材料的填充式防护结构、玄武岩及 Kevlar 纤维填充式防护结构,并实验研究了其超高速撞击特性。

3）多缓冲屏防护结构

（1）Nextel 多缓冲屏防护结构

Nextel 多缓冲屏防护结构如图 3-9 所示,由四个等距放置的 Nextel 缓冲屏及后墙组成。Nextel/铝多缓冲屏防护结构如图 3-10 所示,由三个缓冲屏和后墙构

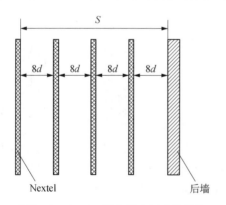

图3-9　Nextel/铝多缓冲屏防护结构

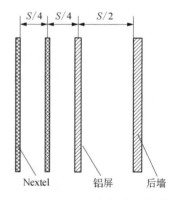

图3-10　Nextel/铝多缓冲屏防护结构

成,前两个缓冲屏材料是 Nextel,第三缓冲屏和后墙材料是铝。

（2）柔性可展开防护结构

NASA 约翰逊空间中心的 Christiansen 等人以 TransHab 充气式太空舱的防护设计为应用对象,在 Nextel 多缓冲屏防护结构基础上,开发了柔性可展开防护结构,如图 3 - 11 所示,由多个 Nextel 缓冲屏、Kevlar 后墙及防护屏之间的泡沫构成。航天器发射过程中,防护屏间的泡沫呈压缩状态,以缩减防护结构的体积;入轨后,释放泡沫,展开防护结构,提供防护效能。低密度泡沫由 RTV 胶粘接在防护屏上,展开后还可充当防护屏间的支撑结构。为减轻质量,泡沫的孔隙率一般为 50%~70%。对压力舱进行防护时,常在后墙的背面铺设几层包铝的聚酯薄膜板,充当密封气囊。鉴于其柔性可展开特性,该类防护结构具有较好应用前景。

文献[18]设计研究了主要由可刚化充气展开框架和铝-碳环氧复合屏组成的充气展开防护结构的超高速撞击性能。

（3）可膨胀多缓冲屏防护结构

针对国际空间站日本实验舱的空间碎片防护,研究设计了可膨胀多缓冲屏防护结构,如图 3 - 12 所示,铝合金屏充当最外缓冲屏,其后为多层高强纤维 Vectran 制成的缓冲屏,其间填充可膨胀的聚亚安酯泡沫。

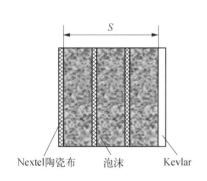

图 3 - 11　柔性可展开防护结构

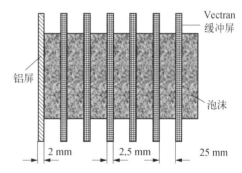

图 3 - 12　可膨胀多缓冲板防护结构

（4）其他多缓冲屏防护结构

文献[19]至文献[23]设计并实验研究了混合多屏防护结构、多铝板防护结构、玄武岩纤维布/铝丝网组合多缓冲屏防护结构、编织布多冲击防护结构、芳纶纤维布和芳纶环氧复合材料防护结构等多缓冲屏防护结构的超高速撞击性能。

4）防护结构改进措施

理论上,可从防护结构的三个组成部分出发研究防护结构的改进措施。后墙要求具有较高的抵挡碎片穿透及脉冲载荷冲击的能力,但后墙作为航天器舱体或部件,主要由航天器总体设计要求决定,改进余地不大。防护结构间距要求适中,如果过小,防护能力得不到充分发挥;如果过大,不但空间会受到限制,还会增加附加结构质量,也不能使防护能力有明显提高。防护性能优良的缓冲屏应具有以下特点:对弹丸具有良好的破碎、熔化或汽化能力,具有高的强度质量比,自身产生的碎屑对后墙破坏威胁小,使碎片云有大的扩散角。由此可见,缓冲屏部分的设计优化潜力最大。通过前面对各类防护结构的分析,可总结出以下几种提高防护性能的有效措施。

① 在连续缓冲屏前增加网状缓冲屏。在连续缓冲屏前一定距离处增加网状缓冲屏,可有效提高对弹丸的破碎能力,并且可增大碎片云的扩散面;另外,丝网受弹丸撞击产生的二次碎屑尺寸较小,从而减小了对后墙的破坏。

② 选用高强纤维防护材料。选用弹性模量高、强度质量比大的纤维材料可有效提高防护结构的防护性能,而且纤维材料受弹丸撞击产生的二次碎屑尺寸小,因此对后墙的破坏力较小。例如 Nextel 陶瓷布,弹性模量非常高,可对弹丸产生有效的冲击破碎甚至熔化/汽化;又如 Kevlar、Vectran 纤维材料,强度质量比较大,抵抗碎片破坏的能力强,且能降低碎片云的扩展速度。

③ 增加泡沫铝缓冲屏。泡沫铝缓冲屏具有优良的抗冲击特性,可大大提高弹丸碎片的熔化程度及扩散角度,而且泡沫铝具有较高刚度,可节省相关结构重量。

④ 使后墙材料与防护结构相匹配。允许的情况下,可将后墙材料进行适当调整,使其与所选的防护结构相匹配。对于小间距的单缓冲屏 Whipple 防护结构 ($S/d<20$,S 表示缓冲屏间距,d 表示弹丸直径),后墙的破坏形式主要为层裂破坏,此情况下后墙可增加防层裂内衬,或者选用蜂窝板、层压板、高拉伸强度材料板(如碳复合材料)作为后墙。对于大间距的单缓冲屏 Whipple 防护结构($S/d>30$),后墙的主要破坏形式为穿孔破坏,此时后墙应选用能抵抗高速粒子穿孔的材料。对于多缓冲屏防护结构,后墙的主要破坏源是冲击载荷或低速碎片云作用产生的弯矩,这种防护结构的后墙应采用高强高塑性材料(如 Kevlar)。

⑤ 对后墙进行相关处理。有研究发现,对后墙内表面进行纹理加工,可一定程度上防止层裂的发生。

⑥ 适当增加防护结构的总间距。一般情况下当弹丸撞击速度超过 3 km/s 时,防护结构的防护能力随结构总间距的增加而增大,但间距的增加会引起防护屏间支撑结构等质量的增加,从而造成防护结构质量的增加。所以,需要利用优化技术适度选择缓冲屏和后墙之间的总间距。

3.1.2　防护材料选择评估技术

防护屏材料对防护结构性能有至关重要的影响,防护材料选择评估是防护结构设计的关键技术。一般说来,缓冲屏材料应具有很高的冲击阻抗,可令低速空间碎片粒子充分破碎;后墙材料应具有很高的横向声速,可令碎片云撞击脉冲充分扩散。防护结构材料选择包括缓冲屏材料选择和后墙材料选择,其中缓冲屏材料选择是研究重点。

有效的缓冲屏材料应具有以下特点:低密度;对弹丸(或二次碎片)有良好的破碎能力;使碎片云有大的扩散角;能降低碎片云的撞击速度;缓冲屏本身产生的碎片云部分对后墙损伤相对较小。

根据国外经验,防护结构材料的评估方法可以分为分析方法和试验方法两类[1],分析方法包含理论分析法和品质因数法(factor of merit, FOM)。一般先采用分析方法对防护材料进行初选,然后通过试验方法进一步优选。

1. 理论分析法

分析方法采用一维激波理论,计算弹丸和缓冲屏碰撞产生的峰值冲击压力、碰撞后弹丸残余的内能,以及缓冲墙使入射粒子整体基本达到初始冲击峰值压力所需具有的最小厚度。

1) 峰值冲击压力

冲击压力取决于撞击速度、入射粒子和靶板的密度及冲击压缩因数等参数,它在很大程度上决定了入射粒子撞击后的残余内能、温度和物态。冲击压力越高,入射粒子残余内能越大,温度就越高,物态越倾向于液态和气态。与液态粒子和气态粒子相比,固体粒子对后墙的威胁最大,因此缓冲屏材料的选择应以能够在入射粒子内产生更高冲击压力为原则。

基于一维撞击假设,利用撞击冲量守恒方程及撞击质量守恒方程可推出峰值冲击压力的计算公式:

$$P = 10\rho_t U_t u_t \tag{3-1}$$

$$\rho_t = (\rho_{ot} U_t)/(U_t - u_t) \tag{3-2}$$

$$U_t = c_{ot} + s_t u_t \tag{3-3}$$

$$u_t = [-b \pm (b^2 - 4ac)^{0.5}]/2a \tag{3-4}$$

$$a = \rho_{op} s_p - \rho_{ot} s_t \tag{3-5}$$

$$b = -2\rho_{op} s_p v_i - \rho_{op} c_{op} - \rho_{ot} c_{ot} \tag{3-6}$$

$$c = \rho_{op} c_{op} v_i + \rho_{op} s_p v_i^2 \tag{3-7}$$

式中,P 表示冲击压力,kilobar(1 kilobar = 100 MPa);ρ_t 表示缓冲屏密度,g/cm³;U_t 表示缓冲屏的冲击速度,km/s;u_t 表示缓冲屏的质点速度,km/s;v_i 表示弹丸和缓冲屏的界面速度,km/s;ρ_{op}、ρ_{ot} 分别表示弹丸和缓冲屏的初始密度;$c_{ot} = (KV_{ot})^{1/2}$

是缓冲屏材料内的稀疏波声速,km/s;$K = E/3(1 - 2\lambda)$ 是绝热模量,E、λ 分别表示缓冲屏材料的弹性模量和泊松比;s_t 是经验导出常数。

图 3 - 13 给出了铝粒子以 7 km/s 的速度正撞击不同密度材料缓冲屏形成的初始冲击压力情况,可见铝粒子与足够厚度的铝缓冲屏碰撞可产生 1 Mb(10^5 MPa)的冲击压力,足以令铝粒子形成气态碎片云。

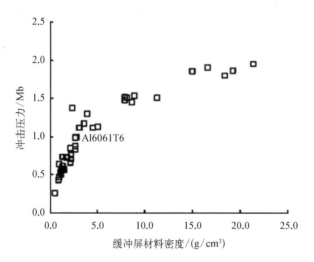

图 3 - 13   铝粒子内初始冲击压力与缓冲屏密度关系

2) 弹丸残余内能

一旦弹丸和防护屏材料被激波加载和释放,就会产生残余内能,且弹丸内残余内能越大,温度就越高,物态越倾向于液态或气态,因此可用弹丸残余内能评价缓冲屏对弹丸的破碎能力。弹丸的残余内能可用下式计算:

$$E_p = 5\rho_{op}V_p(v_i - u_t)^2 \qquad (3 - 8)$$

式中,E_p 表示弹丸碰撞后的残余内能,J/g;$V_p = 1/\rho$ 表示弹丸的比体积,cm^3/g。

求得弹丸残余内能后,还可大致估计碎片云中弹丸材料的熔化、汽化部分相对含量,用于进一步评价缓冲屏的防护性能。设 C_{ps}、C_{pl} 分别表示弹丸材料的固态和液态比热,J/(kg · K);T_m、T_v 分别表示材料的熔点和沸点,K;H_f、H_v 分别表示材料的溶解热和汽化热,J/kg。则有:

如 $E_r < C_{ps}T_m$,激波加载和释放的材料全以固体形态存在。

如 $C_{ps}T_m < E_r < C_{ps}T_m + H_f$,激波加载和释放的材料中液态成分含量占 $(E_r - C_{ps}T_m)/H_f$,其余材料仍呈固态。

如 $C_{ps}T_m + H_f < E_r < C_{ps}T_m + H_f + C_{pl}(T_v - T_m)$,激波加载和释放的材料全以液体状态存在。

如 $C_{ps}T_m + H_f + C_{pl}(T_v - T_m) < E_r < C_{ps}T_m + H_f + C_{pl}(T_v - T_m) + H_v$，激波加载和释放的材料中气态成分含量占 $[E_r - C_{ps}T_m - H_f - C_{pl}(T_v - T_m)]/H_v$，其余材料呈液态。

如 $E_r > C_{ps}T_m + H_f + C_{pl}(T_v - T_m) + H_v$，激波加载和释放的材料全以气体形态存在。

3) 缓冲屏最小厚度

另一个需要考虑的重要因素是令弹丸达到熔化状态的最小缓冲屏厚度,也就是使入射粒子整体基本达到初始冲击峰值压力所需的最小缓冲屏厚度。

下面给出缓冲屏厚度和弹丸长度比率的计算公式:

$$L_t/L_p = [(1/U_p) - \rho_{op}/(\rho_p C_p)]/[\rho_{ot}/(\rho_t C_t) + 1/U_t] \qquad (3-9)$$

$$C_p = U_p\{0.49 + [(U_p - u_p)/U_p]^2\}^{0.5} \qquad (3-10)$$

$$C_t = U_t\{0.49 + [(U_t - u_t)/U_t]^2\}^{0.5} \qquad (3-11)$$

$$U_p = c_{op} + s_p u_p \qquad (3-12)$$

$$\rho_p = (\rho_{op}U_p)/(U_p - u_p) \qquad (3-13)$$

$$u_p = v_i - u_t \qquad (3-14)$$

式中, $c_{op} = (KV_{op})^{1/2}$ 表示弹丸材料内的稀疏波声速; $K = E_p/3(1 - 2\lambda_p)$ 表示绝热模量; E_p、λ_p 分别表示弹丸材料弹性模量和泊松比; s_t 是经验导出常数。

求出 L_t/L_p 后,再由弹丸长度 L_t 可获得使入射粒子基本达到初始冲击峰值压力所需的最小缓冲屏厚度 L_p。

入射粒子与缓冲屏撞击时产生的激波为压缩波,使材料密度增大;同时,压缩波传入粒子与缓冲屏,当到达缓冲屏背面时向回反射稀疏波,会使材料密度减小。由于压缩波是在未受扰动的材料中传播,而稀疏波是在被高度压缩的材料中传播,故稀疏波的传播速度更快;一旦在压缩波未充分"覆盖"入射粒子之前被稀疏波追赶上,入射粒子内的冲击压力就会迅速降低,从而大大降低了入射粒子的破碎、熔化或汽化程度。因此,缓冲屏厚度的取值原则为:保证当入射粒子整体基本达到初始冲击峰值压力时稀疏波尚未到达。

表 3-3 给出了几种缓冲屏材料的冲击压力分析计算结果,表中根据入射粒子撞击一定厚度缓冲屏所能达到的最高冲击压力进行排序,序号越低,冲击压力越大;最小缓冲屏面密度为令激波充分覆盖入射粒子所要求的最小缓冲屏面密度,等于厚度与质量密度之比;其计算工况为直径 0.88 cm 的铝粒子以 7 km/s 的速度撞击面密度为 0.61 g/cm² 的缓冲屏。其中,t 为缓冲屏厚度,d 为弹丸直径。可见,碳化硅、玻璃、镁金属等材料都对铝粒子具有良好的破碎能力。

表 3 - 3　缓冲屏材料综合评估结果

序号	缓冲屏材料	密度/(g/cm³)	冲击压力/Mb	缓冲屏厚度/cm	t/d	最小缓冲屏面密度/(g/cm²)
1	氧化铝	3.66	1.15	0.17	0.19	0.61
2	碳化硅	3.12	1.09	0.20	0.22	0.56
3	6061T6 铝合金	2.71	0.95	0.22	0.25	0.45
4	玄武岩	2.86	0.89	0.21	0.24	0.42
5	莫来石	2.67	0.86	0.23	0.26	0.40
6	石英	2.65	0.81	0.23	0.26	0.37
7	AZ31B 镁合金	1.78	0.72	0.34	0.39	0.30

采用基于激波理论的分析方法对缓冲屏的防护能力进行评估,具有成本低、速度快的特点,是最简单的防护材料选择方法。

2. FOM 法

FOM 法是从弹丸与缓冲屏撞击形成的缓冲屏碎片的状态出发,即通过分析缓冲屏碎片对后墙的损伤威胁,来评估缓冲屏的防护性能。它是根据缓冲屏材料的各种热动力学参数对其生成碎片特征的影响,进行加权处理形成品质因数方程,实现对缓冲屏防护性能的定量评估。热动力学参数主要包括熔解热、熔点、汽化热和汽化温度,其中熔解热起最重要的作用。

FOM 的计算公式定义为

$$\text{FOM} = \frac{\rho(Al)}{\rho} \left[\frac{H_f(Al)}{H_f} \left(\frac{T_f(Al)}{T_f} \right)^{0.5} \left(\frac{H_v(Al)}{H_v} \right)^{0.1} \left(\frac{T_v(Al)}{T_v} \right)^{0.1} + \frac{R}{4} \right]$$

$$(3-15)$$

$$R = \left(\frac{C}{C(Al)} \right)^{0.67} \left(\frac{H}{H(Al)} \right)^{0.25} \left(\frac{\rho}{\rho(Al)} \right)^{0.5} \qquad (3-16)$$

$$C = \sqrt{E/(10^3 \rho)} \qquad (3-17)$$

式中,ρ 表示密度,g/cm³;H_f 表示熔解热,J/kg;T_f 表示熔点,℃;H_v 表示汽化热,J/kg;T_v 表示汽化温度,℃;C 表示材料内声速,km/s;H 表示布氏硬度;E 表示弹性模量,MPa。熔解热等热动力学参数的数值越小,材料就越容易熔化或汽化,形成碎片的威胁就越小。因此,缓冲屏材料的选择应以高 FOM 值为原则。FOM 方法主要适用于金属材料,表 3 - 4 给出几种金属材料的 FOM 值。表中可见,与铝相比,镁和锡的防护性能较好,而钨和钽的防护性能较差,这个分析结果得到了试验验证。

表 3-4　金属材料缓冲屏的品质因数

材　　料	品 质 因 数	材　　料	品 质 因 数
镁合金	2.4	铜	0.42
锡	1.99	镍	0.42
铝合金	1.25	钨	0.17
钛	0.56	钽	0.15
铁/钢	0.46	/	/

　　FOM 方法利用了缓冲屏材料的热动力学参数对其防护能力(即易熔化、汽化程度)进行评估;与此类似,可利用材料的力学参数对其防护能力(即对碎片云撞击能的吸收能力)进行评估,其表达式为

$$F_c/M_b = \sigma_{t\_ult}^2 10^3/(2t_b \rho_b E) = \sigma_{t\_ult}^2 10^3/(2m_b E) \qquad (3-18)$$

式中, F_c/M_b 表示单位质量缓冲屏在失效前可承受的临界载荷,N/kg; m_b 表示缓冲屏面密度,g/cm^2; σ_{t_ult} 表示材料的拉伸强度,MPa; E 表示材料的弹性模量,MPa。

　　F_c/M_b 越高,失效前承受冲击载荷的能力也越强。实际应用中,常用高 FOM 值的材料作为外缓冲屏,高 F_c/M_b 值的材料作为中间缓冲屏。表 3-5 给出了对几种高强纤维材料(如 Kevlar)及高强铝合金的评估结果,评估中各种材料缓冲屏的面密度均为 0.75 kg/cm^2。可见,与铝合金相比,Kevlar 和 Nextel 等高强纤维材料可显著提高缓冲屏的防护性能。

表 3-5　缓冲屏材料对冲击能的吸收能力

排序	材　　料	密度/(g/cm^3)	拉伸强度/MPa	强度/密度比/(MPa·m^3/kg)	弹性模量/MPa	单位质量后墙能承载的 F_c/M_b/(N/kg)
1	Kevlar 29	1.44	3 620	2.51	82 740	105 580
2	Spectra 900	0.97	2 620	2.70	117 215	39 045
3	Nextel 312	2.70	1 724	0.64	151 690	13 059
4	Al7075T6	2.80	524	0.19	71 708	2 553

续　表

排序	材　料	密度/ (g/cm³)	拉伸强度/ MPa	强度/密度比/ (MPa·m³/kg)	弹性模量/ MPa	单位质量后墙能承载 的 F_c/M_b/(N/kg)
5	Al2219T87	2.85	462	0.16	73 087	1 947
6	Al6061T6	2.71	310	0.11	68 950	931

3. 试验法

试验方法是防护材料选择最直接有效的方法。采用超高速撞击试验系统发射高速粒子对防护结构试验件进行撞击试验,超高速撞击试验系统包括发射系统、靶室/真空系统、测速系统以及照相系统。

图 3-14 为 NASA 采用的一种防护材料优选试验装置图,在后墙后 10 cm 处平行放置 0.4 mm 厚的穿透观察板,用以记录后墙的穿透或层裂等损伤情况;在缓冲屏前 10 cm 处设置 0.2 mm 厚的反溅观察板,以此记录缓冲屏的二次反溅效应。实验中采用的碰撞铝球直径为 3.2 mm,撞击速度为 6.8 km/s,在保证缓冲屏面密度不变的前提下,改变其材料进行撞击实验评估。图 3-15 给出了某防护结构的超

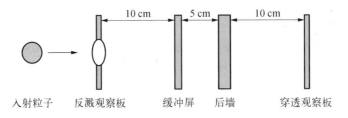

图 3-14　防护材料优选试验装置示意图

图 3-15　超高速撞击试验试件结构

高速撞击试验件构型,图 3 - 16 给出了某填充式防护结构超高速撞击试验中的填充层和后墙的受撞击情况。

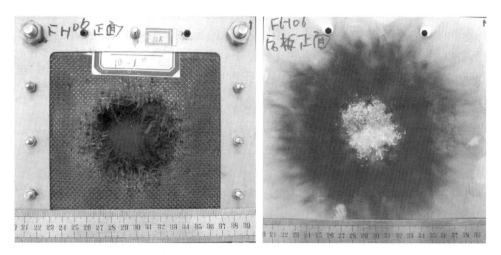

图 3 - 16　某填充式防护结构填充层和后墙的撞击情况(铝弹丸
$d = 4.22\ mm, V = 5.9\ km/s$)(后附彩图)

图 3 - 17 为各种缓冲屏的超高速撞击实验中对穿透观察板的测量结果,横坐标为后墙及观察板的损伤数,取值范围为 0~100,数值越小表明缓冲屏防护性能越好。可见,双缓冲屏防护结构的防护性能远优于 Whipple 防护结构,尤其是铝网双

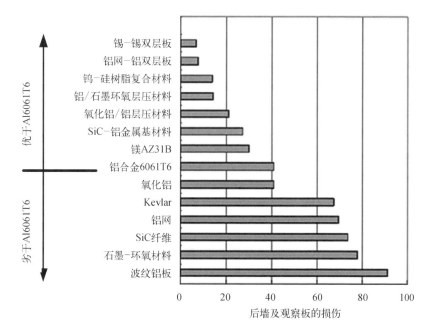

图 3 - 17　缓冲屏材料超高速撞击实验评估结果

缓冲屏结构的防护性能更佳。

表3-6为各种材料缓冲屏的超高速撞击实验中对反溅观察板的测量结果。实验表明,铝缓冲屏的反溅粒子在观察板上撞击出许多直径较大的孔;SiC-铝金属基复合材料也反溅撞击出大量的孔,但孔径较小;铝网和Kevlar几乎没有产生反溅粒子;氧化铝/铝层压缓冲屏产生的反溅粒子也很少,观察板没有产生穿孔,只有轻微撞痕。超高速撞击产生的二次反溅粒子可能对附近的外部设备造成损伤,应通过正确选取防护材料或进行表面处理尽量减少或避免。

表3-6　各种缓冲屏材料的二次反溅特性

序 号	缓 冲 屏 材 料	反溅粒子最大速度/(km/s)	反溅观察板损伤情况
1	铝网	2.1	无孔
2	Kevlar	2.4	无孔
3	氧化铝/铝层压材料	4.2	无孔,小刮痕
4	铝/石墨环氧层压材料	3.9	少量孔(<20)
5	SiC-铝金属基复合材料	5.2	130个小孔,最大孔径0.46 mm,最大二次反溅粒子直径约为0.2 mm
6	6061T6铝合金	6.7	大量直径大于1 mm的孔

说明:序号排列根据反溅观察板的损伤程度,序号越小损伤程度越小。

4. 常用防护结构材料

Whipple防护结构和填充式防护结构是工程上常用的结构形式。根据相关分析和超高速撞击试验结果,铝合金是缓冲屏的较好选择,高模量、高强度纤维材料是填充层的较好选择。纤维材料受超高速撞击,自身形成的碎片云为粉末状物质,扩散面积远大于弹丸和铝板形成的碎片云,其对后板的威胁远小于金属材料的碎片云,这是采用纤维复合材料作为填充层的重要原因之一。

国际空间站对空间碎片防护结构材料进行了典型工程应用。对于外缓冲屏,多采用铝合金材料(如Al6061、Al2219等),也有部分采用了泡沫铝+铝面板结构。对于填充式防护结构,大量采用了Nextel纤维、Kevlar纤维作为缓冲屏;也有部分采用高强纤维Spectra和Vectran等作为填充层材料。

国内文献研究了TiB2基陶瓷复合材料、陶瓷化铝板等作为外缓冲屏的Whipple防护结构的性能[24,25],结果显示均优于单纯的铝合金缓冲屏;还研究了玄武岩纤维、碳纤维、TC4纤维、SiC纤维、TiB2基陶瓷材料、铝-碳纤维复合材料、铝合金丝网、泡沫金属等作为中间缓冲屏或填充层材料的超高速撞击特性[22,26,27],其中,SiC 纤维、玄武岩纤维等具有高强度、高模量、低热膨胀系数、优良高温力学性能、高柔性、低密度等特点,可以作为良好的填充层材料。

3.2　防护结构撞击极限方程建模

防护结构超高速撞击极限方程是描述某类结构构型的撞击极限与撞击参数和结构参数之间关系的方程,其描述了弹丸与靶板超高速撞击过程的动力学特性,表征撞击弹丸直径与防护结构材料、结构尺寸及撞击速度间的关系。撞击极限方程是航天器空间碎片撞击风险评估的基础,也是空间碎片防护结构设计和优化的基础。

NASA 等机构经过几十年对空间碎片防护结构的超高速撞击实验研究,掌握了超高速撞击特性、撞击碎片云的运动特性,摸清了几类防护结构超高速撞击的失效模式。国外主要基于大量超高速撞击实验数据,通过数据拟合的方法建立防护结构撞击极限方程;此外,还研究了基于碎片云理论、简支圆板弹塑性理论等的分析建模方法,以及基于量纲理论、数学建模和实验数据等的综合建模方法。

3.2.1　超高速撞击特性

1. 防护结构不同撞击速度下的超高速撞击特性

弹丸与防护结构的超高速撞击,随碰撞速度的变化表现出不同的物理特性,按弹丸撞击穿过缓冲屏后的状态可大致分为三个速度区域[1]:变形区(又称弹道区或低速区,约<3 km/s),破碎区(又称中速区,约 3~7 km/s),熔化/汽化区(又称高速区,约>7 km/s)。

1) 变形区超高速撞击特性

弹丸与缓冲屏碰撞后只发生变形并未破碎,随碰撞速度的增高,对后墙的破坏增大,而缓冲屏与后墙间距的变化几乎不影响弹丸对后墙的破坏能力。此速度区内,后墙的破坏形式有:单个弹坑,剪切孔(见图 3-18),或后墙背面出现鼓包或层裂。

2) 破碎区超高速撞击特性

与缓冲屏碰撞后,弹丸破碎,形成拉长气泡状的碎片云,其扩散角度及碎片尺寸主要取决于弹丸碰撞速度,并与缓冲屏厚度存在一定关系。碰撞速度增高,会引起碎片粒子尺寸变小及横向扩散角度变大;而缓冲屏增厚,会引起两者

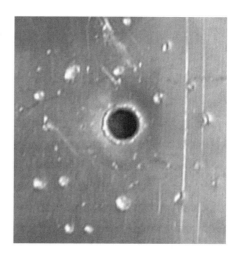

图 3-18　弹道区后墙的穿孔破坏(后附彩图)
$d=4.89$ mm,$V=2.10$ km/s

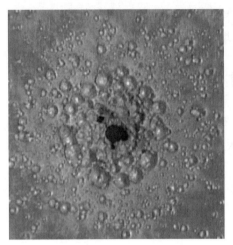

图 3 - 19 破碎区后墙的穿孔破坏(后附彩图)
$d=4.98$ mm, $V=5.00$ km/s

的同向增大。随碰撞速度的增高,弹丸受到更大程度的破碎并出现小部分熔化,从而引起碎片云对后墙的破坏力降低,防护结构的防护能力增强。缓冲屏和后墙的间距对防护性能有明显影响,但当间距大到一定程度时,对防护性能影响逐渐变小。破碎区内,如果冲击压力较低,后墙的破坏形式主要为大量小坑形成的大而浅的弹坑;如果对后墙的冲击压力非常大,后墙会出现粗糙不规则的单个孔洞,破坏形式见图 3 - 19;如果防护屏的间距足够远,使碎片云得到较大程度的横向扩散,后墙还会出现多粒子撞击造成的散布弹坑或穿孔。

3) 熔化/汽化区超高速撞击特性

弹丸与缓冲屏碰撞可形成固、液、气三种状态并存的碎片云,碰撞速度及缓冲屏厚度等因素的差异决定了三种状态的含量。对于铝球和铝屏的碰撞,撞击速度约在 11 km/s 时,弹丸开始汽化,随碰撞速度继续增高,碎片云中汽化部分含量进一步增多。熔化/汽化区内,碎片云以冲击载荷形式作用于后墙,容易造成局部鼓包,当鼓包膨胀到一定程度,鼓包周边因拉伸作用出现径向裂纹,如果冲击压力足够大,还会使裂纹间材料因受到压缩而弯曲,导致花瓣状穿孔。此外,弹丸穿过缓冲屏时,除形成以冲量形式作用于后墙的碎片云外,还从缓冲屏的穿孔周边抛离出少量的缓冲屏材料碎片,这些碎片与主碎片云中的固体粒子相比,尺寸较大,速度较慢,但仍可致使后墙产生散布的小尺寸弹坑或穿孔。缓冲屏与后墙的间距对防护性能有明显影响,但当间距增大到一定程度时,对防护性能影响变小。

2. 撞击角度及弹丸形状对超高速撞击特性影响

1) 撞击角度对超高速撞击特性影响

在破碎区和熔化/汽化区,弹丸以一定角度斜撞击防护结构时,表现出与正撞击不同的撞击特性。斜撞击时,形成三个典型碎片云[28],如图 3 - 20 所示,其中两个穿透缓冲屏打在后墙上,分别称为"法线碎片云"及"同轴碎片云",其质量、运动方向、运动速度分别为 M_1、θ_1、V_1 及 M_2、θ_2、V_2,前者接近于缓冲屏法线方向,主要由缓冲屏

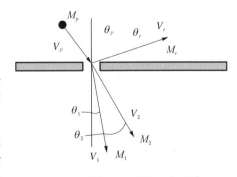

图 3 - 20 斜碰撞形成的三个碎片云

破碎形成的碎片组成,而后者几乎沿弹丸的原撞击速度方向,主要由弹丸碎片组成。这两个碎片云在后墙上形成两个相对独立的破坏区域,法线碎片云形成的破坏区域内,弹坑或穿孔呈近圆形;同轴碎片云形成的破坏区域内,弹坑或孔洞呈椭圆形。第三个碎片云称为"反溅碎片云",向后运动远离防护结构,其质量、运动方向、运动速度分别为 M_r、θ_r、V_r。当碰撞角度 $\theta_p \geq 45°$ 时,反溅碎片云数量剧增;当 $\theta_p \geq 60°$ 时,反溅碎片云占绝大部分,仅产生少量以缓冲屏材料为主的碎片云,此时,碎片云对外部设备的破坏威胁更大,但对后墙仍然具有穿透破坏能力[29]。

由于三个速度区的存在,超高速撞击实验表明,在一定的速度及角度范围内(如碰撞速度为 5~7 km/s、碰撞角度为 30°~50°),斜碰撞对后墙的损坏程度超过同等速度的正碰撞。

2)弹丸形状对超高速撞击特性影响

弹丸形状对超高速撞击特性也有一定影响。近些年来,空间碎片撞击风险评估所使用的环境模型中开始增加空间碎片形状分布的内容,这势必促使撞击风险评估软件会把不同形状空间碎片撞击的影响考虑进来;同时,传统撞击极限方程的形式发生一定改变,对空间碎片防护设计也将带来较大影响。

国内外学者针对弹丸形状对超高速撞击特性的影响开展了大量试验和仿真研究。初步的实验表明,碰撞速度为 3 km/s 时,长度和直径比为 1 的圆柱形弹丸与同质量的球形弹丸相比,对后墙的破坏力小得多;但在 6 km/s 时,球形弹丸的破坏力相对变大。这是因为圆柱形弹丸在 3 km/s 时较容易破碎,而在 6 km/s 时撞击缓冲屏形成了带有尖峰的碎片云,增强了对后墙的破坏力。

3. 超高速撞击碎片云特性

对于破碎区及熔化/汽化区的超高速撞击,碎片云特性决定了对后墙的破坏程度。因此,碎片云形成及运动特性一直以来都是超高速撞击理论研究的一个重要方面。图 3-21 给出了通过射线照相技术获取的碎片云形成过程[30]:首先弹丸撞

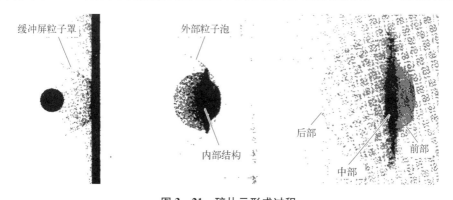

图 3-21　碎片云形成过程

$V = 6.7$ km/s,弹丸和粒子罩为两次曝光所得

击缓冲屏使其前表面产生碎片并形成粒子罩;接下来,在缓冲屏后侧形成了由缓冲屏碎片组成的膨胀粒子泡;最后,出现了由弹丸材料组成的内部结构,其明显分为前、中、后三个组成部分。

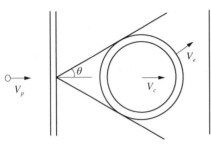

图 3-22　碎片云简化模型

假设碎片云均匀分布在薄球壳里,且弹丸向前的动量完全传递给碎片云,则形成了简化碎片云的动力学模型[31],如图 3-22 所示。

对于近似处理后的碎片云,由动量守恒定律可得到碎片云质心的向前速度:

$$V_c = \frac{V_p}{1 + KG^2} \qquad (3-19)$$

式中, $K = \dfrac{3\rho_b t_b V_p}{4\rho_p r_p}$ 表示缓冲屏面密度与弹丸面密度之比; $G = \dfrac{r_b}{r_p}$ 表示缓冲屏穿孔半径与弹丸半径之比; ρ_b、t_b、r_b、V_p、ρ_p、r_p 分别表示缓冲屏的密度、厚度、穿孔半径和弹丸速度、密度及半径。

令 ΔE 为弹丸动能和碎片云动能之差,即

$$\Delta E = m_p V_p^2/2 - (m_p + m_b) V_c^2/2 \qquad (3-20)$$

这部分能量主要转化为材料的热能以及碎片云的膨胀能。设碎片云膨胀能为 $E = Q\Delta E$,则容易得到碎片云膨胀速度:

$$V_e = \frac{V_p G \sqrt{QK}}{1 + KG^2} \qquad (3-21)$$

再由关系式 $\sin\theta = V_e/V_c$ 可得到碎片云碰撞角的半角 θ:

$$\theta = \arcsin(G\sqrt{QK}) \qquad (3-22)$$

碎片云的动量及其作用时间决定了后墙的损坏程度。轴线上单位面积的动量为

$$P_c = \frac{m_p V_p (1 + G\sqrt{QK})^3}{4\pi S^2 QKG^2} \qquad (3-23)$$

式中, m_p 表示弹丸质量; S 为防护屏到后墙间距离。

碎片云对后墙的作用时间由 $T = S/V_{\min} - S/V_{\min}$ 得

$$T = \frac{2SG\sqrt{QK}(1 + KG^2)}{V_p(1 - G^2 QK)} \qquad (3-24)$$

4. 防护结构超高速撞击失效模式

防护结构的破坏或失效,主要是针对后墙而言的。后墙的破坏形式主要有:表面出现弹坑,发生穿孔,或背面出现鼓包或层裂。对于载人航天器,其防护结构的失效准则通常定义为后墙穿透,或后墙背面发生层裂剥落。

1) 穿透

后墙穿透分碎片穿透和碎片云冲击穿透两种。三个速度区都可能出现碎片穿透。变形区内,后墙的穿透破坏形式为单个剪切孔;破碎区内,随碰撞条件的不同,后墙可能出现一个或多个穿孔。熔化/汽化区内速度不太高的情况下,仍会出现固体粒子撞击造成的单个或多个穿孔。

碎片云冲击穿透主要为熔化/汽化区内较高撞击速度下的后墙失效形式。此时,碎片云中固态颗粒数量较少且尺寸较小,碎片云主要以冲击载荷形式作用于后墙,容易造成局部鼓包,如果冲击压力足够大,鼓包会发展为花瓣状穿孔。碎片云对后墙的冲击破坏受冲量分布及冲击加载速率的影响较大,因此碎片云对后墙的冲击作用不应作瞬时脉冲载荷的简化。

2) 层裂剥落

三个速度区内都可能出现层裂剥落破坏。变形区和破碎区内,在完整弹丸或大尺寸碎片的撞击下,后墙背面容易出现局部鼓胀,同时在平行且靠近背面的材料内部平面内出现撕裂现象,称为“层裂”。随着鼓包尺寸变大及内部层裂部位的增多或层裂程度的加重,后墙背面碎片将以一定速度抛离,造成层裂剥落失效。深的弹坑和背面严重的层裂连接,就会出现穿透。熔化/汽化区内,液态或气态碎片云的冲击作用容易造成大面积的层裂破坏。层裂与碎片云中初始的缓冲屏材料有关。层裂破坏应通过弹丸动能进行推断,而不能通过动量。大多数流体代码中只考虑了后墙的穿透破坏模式,并未考虑后墙的层裂剥落失效模式。

5. 防护结构超高速撞击极限方程

撞击极限方程是指描述某类结构构型的撞击极限与撞击参数、结构参数之间关系的方程,是描述弹丸与靶板超高速撞击过程动力学特性的一种工程方法,是航天器空间碎片撞击风险评估和防护设计优化的基础。在航天器空间碎片撞击风险评估中,通常采用撞击极限方程进行防护结构失效判断的一种工程方法,以获得航天器受到空间碎片超高速撞击的损伤概率或失效概率,为航天器防护结构设计和优化提供依据。其形式上是以弹丸极限直径为因变量,以弹丸碰撞参数和被撞击结构参数为自变量的一个或一组函数表达式。弹丸极限直径是使航天器恰好失效时的弹丸临界直径,碰撞参数主要指碰撞速度、碰撞角、弹丸密度等材料参数,防护结构参数主要包括缓冲屏和后墙的几何尺寸及其材料性能参数与防护屏的间距。

无防护屏单墙结构的撞击极限方程即为一个函数表达式;而对于单缓冲屏及多缓冲屏防护结构,由于其与弹丸的超高速撞击动力学特性在变形区(对于铝质弹丸与铝屏的撞击,3 km/s 以下)、破碎区(3~7 km/s)及熔化/汽化区(7 km/s 以上)随撞击速度分别具有不同的变化规律,难以再用单一的函数表达式统一描述,因此其撞击极限方程通常为对应三个速度区域的三个函数式。

撞击极限方程一般是指适用于结构参数不同而构型相同的一类防护结构的通用方程。但对于特定的防护结构,还存在仅描述弹丸极限直径与撞击速度关系的具体撞击极限方程。与具体方程相对应,有时还采用撞击极限曲线来描述弹丸极限直径与撞击速度间的关系。图 3-23 给出了某单墙结构和 Whipple 防护结构的撞击极限曲线,由此可看出这两类结构的撞击极限曲线存在以下差别:① 在曲线形状上,单墙结构的撞击极限曲线在整个速度范围内为一光滑曲线;而 Whipple 防护结构的撞击极限曲线对应三个速度区明显分为三段,且分别呈现不同的变化趋势:在变形区递减,在破碎区递增,到熔化/汽化区又递减,这体现了防护结构的弹丸极限直径与碰撞速度间的高度非线性关系。② 在曲线的高低上,变形区内两曲线很接近;而在破碎区和熔化/汽化区,Whipple 防护结构的撞击极限曲线明显高于单墙结构的撞击极限曲线,这表明在这两个速度区域内,Whipple 防护结构的防护能力明显优于单墙结构。

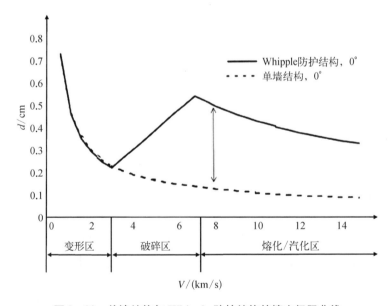

图 3-23 单墙结构与 Whipple 防护结构的撞击极限曲线

NASA 从 20 世纪 60 年代就开始了空间碎片防护结构的撞击极限方程研究,并且在大量的超高速撞击实验基础上,经历多次方程修正,建立了多类工程实用的防护结构撞击极限方程,并广泛应用于空间站空间碎片防护结构的设计和风险评估。这些方程涉及单墙结构、Whipple 防护结构、Nextel/Kevlar 填充式防护结构、铝网双缓冲屏防护结构、Nextel 多缓冲屏防护结构、Nextel/铝多缓冲屏防护结构和柔性可展开防护结构[6,32-34]。对国外建立的多类防护结构超高速撞击极限方程进行对比分析发现,尽管它们在形式上存在诸多不同之处,但都可归为三个速度区内的三个一般式,各类撞击极限方程只是区别于一般式中的系数 C_x 及指数 k_i,其数值见表 3-7。

表 3-7　一般式中各类撞击极限方程的常数值列表

方程类型	V_L	V_H	k_L	k_H	C_b	C_m	k_1	k_2	k_3	k_4	k_5	k_6	k_7
a	3	7	1.5	1	1.9	X_1	11	2	2	3	$-1/9$	2	4
b	2.6	6.5	0.5	3/4	2.35	0.6	8	1	1	4	0	1	3
c	2.4	6.4	0.5	1/4	2	0.358	8	1	1	4	0	1	2
d	2.8	6.4	0.5	1/3	2.2	0.6	10	1	1	3	0	1	2
e	2.7	6.5	0.5	2/3	2	2.4	X_2	2	2	2	$-1/9$	2	4
f	2.4	6.4	0.5	1/4	2.7	0.41	8	1	0	4	0	1	2

说明:

(1) 表中 a 表示 Whipple 防护结构撞击极限方程,b 表示 Nextel/Kevlar 填充式防护结构撞击极限方程,c 表示 Nextel 多屏防护结构撞击极限方程,d 表示铝网双屏防护结构撞击极限方程,e 表示 Nextel/铝多屏防护结构撞击极限方程,f 表示柔性可展开防护结构撞击极限方程。

(2) 如果 $t_b/(t_w^{2/3}S^{1/2}) \geqslant 0.126$, $X_1 = 1.35$;反之,$X_1 = 7.451t_b/(t_w^{2/3}S^{1/2}) + 0.411$。

(3) 如果 $\theta > 45°$, $X_2 = 12$;否则,$X_2 = 14$。

1) 变形区撞击极限方程一般式

$V \leqslant V_L/(\cos\theta)^{k_L}$ 时,

$$d_{cb} = C_b f \cdot (\cos\theta)^{-k_1/6} \rho_p^{-0.5} V^{-2/3} \qquad (3-25)$$

对于柔性可展开多屏防护结构,$f = 0.5m_w + 0.37m_b$;对于其他防护结构,$f = t_w(\sigma/40)^{0.5} + 0.37m_b$。

可见,变形区撞击极限方程一般式整体上为物理量的幂乘式,方程中未考虑间距影响,且各类防护结构的弹丸极限直径与弹丸密度和碰撞速度之间都具有相同的函数关系:$d_{cb} \propto \rho_p^{-0.5} V^{-2/3}$。

幂乘式中的因式 f 为后墙及缓冲屏参数的函数,是对缓冲屏防护作用的等效处理。对柔性可展开多屏防护结构,f 只涉及后墙面密度和缓冲屏面密度两个参数;对于其他防护结构,f 中包含后墙厚度、后墙屈服强度及缓冲屏面密度三个参数,未考虑后墙密度。各类撞击极限方程的区别除了 f 有两种形式外,仅存在于乘式前的系数及碰撞角余弦的指数上。

2）熔化/汽化区撞击极限方程一般式

$V \geq V_H/(\cos\theta)^{k_H}$ 时，

$$d_{cm} = C_m(t_w\rho_w)^{k_2/3}(\sigma/\sigma_0)^{k_3/6} S^{k_4/6} \rho_p^{-1/3} \rho_A^{k_5} V^{-k_6/3}(\cos\theta)^{-k_7/6} \qquad (3-26)$$

对于 Whipple 防护结构，$\sigma_0 = 70$；对于其他防护结构，$\sigma_0 = 40$。

熔化/汽化区撞击极限方程一般式为相关物理量的幂乘式，物理量包含了后墙面密度、后墙屈服强度、间距、弹丸密度及碰撞速度等参数。除靠近后墙的缓冲屏为铝屏的 Whipple 防护结构及 Nextel/铝多屏防护结构外，其余防护结构的撞击极限方程均未考虑防护屏参数的影响。

幂乘式中各物理量的指数体现了该物理量在超高速撞击过程中所起的作用。由指数值列表 3-7 可见，弹丸密度对各类防护结构具有相同的作用，后墙面密度、后墙屈服强度及碰撞速度的作用大致分两类：一类对 Whipple 防护结构及 Nextel/铝多屏防护结构具有相同的作用；另一类对其余防护结构的作用相同。

3）破碎区撞击极限方程一般式

$V_L/(\cos\theta)^{k_L} < V < V_H/(\cos\theta)^{k_H}$ 时，

$$\begin{aligned}
d_{cs} &= d_{cbL} \cdot [V_H/(\cos\theta)^{k_H} - V]/[V_H/(\cos\theta)^{k_H} - V_L/(\cos\theta)^{k_L}] \\
&+ d_{cmH} \cdot [V - V_L/(\cos\theta)^{k_L}]/[V_H/(\cos\theta)^{k_H} - V_L/(\cos\theta)^{k_L}]
\end{aligned}$$

$$(3-27)$$

其中，$d_{cbL} = d_{cb}[V = V_L/(\cos\theta)^{k_L}]$，由变形区撞击极限方程求得；$d_{cmH} = d_{cm}[V = V_H/(\cos\theta)^{k_L}]$，由熔化/汽化区撞击极限方程求得。

破碎区撞击极限方程由变形区方程与熔化/汽化区方程通过线性插值得到，表征此速度区内弹丸极限直径与其碰撞速度间的线性关系。

撞击极限方程一般式表明，双缓冲屏及多个缓冲屏防护结构的撞击极限方程，都是将较复杂的缓冲屏结构视为单个缓冲屏，以所有缓冲屏的总面密度作为变量，对 Whipple 防护结构的撞击极限方程中涉及构型、材料等参数项的系数及指数进行修正得到的。

由三个一般式可以看出，Christiansen 开发的撞击极限方程中所反映的防护屏材料参数不够全面，仅涉及弹丸、缓冲屏及后墙的密度和后墙的屈服强度，其他的一些重要材料参数（如材料声速，热特性参数等）并未得到直接体现，而是通过因式前的常系数集中反映，这势必造成撞击极限方程计算精度的降低及其通用性的下降。

3.2.2　超高速撞击极限方程建模方法

NASA 从 20 世纪 60 年代就开始了空间碎片防护结构的撞击极限方程研究,主要通过大量的超高速撞击实验,采用实验数据拟合方法得到了多类防护结构的撞击极限方程,并且随着实验数据的丰富对方程进行修正完善,已广泛应用于空间站空间碎片防护结构的设计和风险评估;此外,还研究了基于碎片云理论、简支圆板弹塑性理论等的分析建模方法。我国自 2000 年以后也开展了防护结构撞击极限方程的建模研究,包括基于能量守恒、板弯曲理论等的理论分析方法,以及基于量纲理论和实验数据分析的综合建模方法,并对常用的 Whipple 防护结构、填充式防护结构建立了初步的撞击极限方程。

1. 撞击极限方程实验建模方法

实验方法是空间碎片防护结构撞击极限方程建模的主要方法。防护结构超高速撞击实验数据是撞击极限方程建模的基础,各种建模方法都离不开实验数据。

NASA 开发的各类防护结构撞击极限方程均是采用实验方法建立的。利用实验方法进行撞击极限方程开发的两大关键技术是实验方案设计和实验数据分析。为获得通用于某一类防护构型的撞击极限方程,往往通过改变防护屏材料及防护结构几何尺寸设计多组防护结构,选择不同材料、不同直径的弹丸,施加大小、碰撞角不同的速度,分组进行超高速撞击实验。例如,NASA 开发新 Cour‐Palais 撞击极限方程所进行的超高速撞击实验中,弹丸选取了纯铝及多种铝合金材料,防护屏选取了多种铝合金材料,碰撞速度从 2.5 km/s 变化到 7.6 km/s,碰撞角设置了 23°、30°、45°、60°、65°、80°等多个角度,缓冲屏到后墙的间距从 1.11 cm 到 57.15 cm。

撞击实验中,很难得到恰好使防护结构失效的弹丸极限直径。因此,数据分析的第一步是做出每组防护结构对应的撞击极限曲线,并拟合出特定碰撞条件下具体的撞击极限方程;第二步是对各具体的撞击极限方程进行综合,得到适用于一类防护结构的通用撞击极限方程。

由于目前超高速撞击实验设备的有效实验速度仅达到 7 km/s 左右,为建立熔化/汽化区撞击极限方程,数据处理中需要进行撞击速度外推。主要选取撞击速度在 6~7 km/s 之间的实验结果,按照动能守恒原理,根据给定结构的撞击极限随弹丸动能的某种变化规律(如 $t_w \propto K.E.^{1/3}$),得到更高撞击速度下的弹丸极限直径。

实验方法以多组防护结构在不同碰撞条件下的超高速撞击实验为基础,得到的撞击极限方程在一定的适用范围内准确度较高。但这种方法需要进行大量的超高速撞击实验,要消耗大量的人力、物力、财力,成本极其昂贵,且容易掩盖某些较重要的材料参数对弹丸极限直径的影响,造成撞击极限方程通用性的降低。

2. 撞击极限方程理论建模方法

1) 基于撞击碎片云和简支圆板力学的理论建模方法

国外 Angel 等人主要通过碎片云理论、简支圆板弹塑性理论、板和壳体弯曲理论、边界单元方法、屈服准则方法相结合开展了撞击极限方程建模研究[35]，此方法的关键在于对碎片云运动状态及后墙变形特性的合理建模。

Angel 等人以 Swift 提出的碎片云膨胀理论和 Hopkins 与 Prager 提出的简支圆板刚塑性理论为理论基础，进行了撞击极限方程开发研究。由于这两个理论的应用前提都要求碎片云呈液态或气态，且以冲击载荷形式作用于后墙，所以此方法仅适用于熔化/汽化区速度范围内的撞击极限方程开发。下面以 Nextel 多缓冲屏防护结构为例，对该方法的实施过程进行分析。

（1）根据 Swift 提出的碎片云膨胀理论，将弹丸对防护结构的撞击简化为线性脉冲载荷对简支圆板的作用（如图 3-24 所示），并对最大载荷及其作用时间和冲击载荷的圆形作用区域半径 R 进行建模。

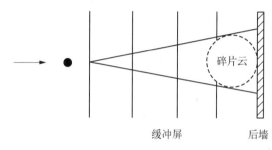

(a) 碎片云的运动过程简化

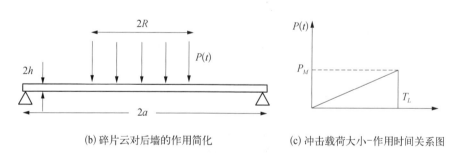

(b) 碎片云对后墙的作用简化　　　　(c) 冲击载荷大小-作用时间关系图

图 3-24　弹丸与防护结构撞击过程的简化

（2）根据简支圆板刚塑性理论，推导圆板中心点的挠度表达式 $W = f\left(P_m, \dfrac{a}{R},\right.$ $\left. T, h, E, v, \sigma_0 \right)$，并引入衡量 W 的无量纲量 $\sigma = \dfrac{\rho R^2}{3\sigma_0 T^2} \cdot \dfrac{W}{h}$。其中，$T = \dfrac{1}{2} T_L$ 为矩形脉冲载荷的作用时间，E、v、σ_0 分别为圆板材料的弹性模量、泊松比和屈服强度。

（3）通过超高速撞击实验，获得防护结构的最大相对破坏挠度 $\dfrac{W}{h}$。

(4) 将上面(1)和(3)中得到的 P_m、T_L、R 及 $\dfrac{W}{h}$ 代入(2)中的 σ，建立撞击极限方程。

这种建模方法，以理论分析为主要手段，以超高速碰撞实验为辅助手段，从本质上揭示了撞击过程某些物理量之间的函数关系。但这种方法仅适于熔化/汽化区的撞击极限建模研究；且因分析过程中采用了近似的碎片云膨胀模型和简单的后墙刚塑性材料模型，使最终得到的撞击极限方程过于简单，不能保证较高的精度。这种方法的固有缺陷，导致其很难进一步发展及进行工程应用。

2) 其他理论建模方法

1969 年 Wilkinson 在 Madden 方程基础上，将后墙的破坏变形视为完全弹塑性变形，并利用流体动力学代码进行后墙的响应建模，开发了 Wilkinson 撞击极限方程，方程中以面密度作为防护屏参数；之后，又通过进一步改进形成了适用于多缓冲屏防护结构的撞击极限方程[36]。

国内文献[37]研究了不同速度下的撞击现象，在对不同撞击参数条件下撞击效应进行分析的基础上，按防护结构前后板在各速度段不同的损伤破坏机理，利用有关超高速撞击成坑和穿孔理论基础，分别建立了三个速度段的撞击极限方程。其中，根据弹道段弹丸撞击前板后一般在前板形成单个剪切孔且质量不发生改变的特点，基于能量守恒定律，研究了弹丸穿透前板后的剩余速度，得到了弹丸撞击半无限体后板成坑的坑深，采用半无限体靶板坑深与有限厚靶板极限厚度之间的关系建立了弹道段撞击极限方程。根据破碎段弹丸撞击前板后形成固体颗粒碎片云的特点，认为碎片云颗粒撞击半无限体后板成坑深度由最大碎片成坑深度及其他小碎片成坑深度组合而成，建立了半无限体后板成坑深度的无量纲表达式，进而建立了破碎段撞击极限方程，同时还建立了最大碎片直径的无量纲表达式。根据液化/气化段弹丸撞击前板后形成的碎片云由气化或液化的粒子构成的特点，假设后板所受载荷为均匀分布，基于板的弯曲理论，采用瑞次法获得简支圆板承受部分均布载荷作用下位移的近似解，通过对板的极限分析，建立了液化/气化段撞击极限方程。

文献[38]采用弹塑性理论，进行了玄武岩/Kevlar 布填充防护结构的撞击极限方程建模研究。

3) 撞击极限方程综合建模方法

在国外空间碎片防护结构超高速撞击极限方程实验和理论建模基础上，国内多篇文献开展了超高速撞击极限方程的综合建模方法研究，其综合利用理论分析、量纲理论、超高速撞击实验和数值仿真等方法进行超高速撞击极限特性的综合建模研究。

防护结构的超高速撞击问题复杂，涉及物理量繁多，实验因成本较高不宜大量开展,数值仿真因存在材料模型缺乏或模型精度不高等问题在目前的撞击极限方程开发中只能起到辅助作用。基于此,文献[3]将量纲理论、超高速撞击实验和数值仿真有机结合起来,研究了撞击极限方程的综合建模方法,并利用此方法对Whipple防护结构的撞击极限方程进行了初步建模研究。此后,有多篇文献采用量纲分析方法进行了不同防护结构的撞击极限方程建模研究,文献[38]实验研究了玄武岩/Kevlar布填充防护结构的超高速撞击特性,并基于超高速撞击实验数据,采用量纲理论建立了玄武岩/Kevlar布填充防护结构的撞击极限方程;文献[39]在超高速撞击实验数据基础上,采用量纲理论初步建立了基于国内陶瓷纤维布/碳纤维布的填充式防护结构撞击极限方程。此外,文献[40]采用数学建模和超高速撞击实验相结合的方法,进行了防护结构撞击极限方程建模研究,还针对包覆增强型热控多层组件的铝蜂窝结构板开展了超高速撞击极限方程建模研究。

撞击极限方程综合建模方法分为以下三个步骤:① 基于量纲理论确立含有待定系数及待定指数的撞击极限方程一般形式。方程一般式反应弹丸极限直径与各主要结构参数及碰撞参数的基本函数关系,因此其合理性决定了方程的有效性。弹丸与防护结构的撞击在变形区、破碎区和熔化/汽化区分别表现出不同的物理特性,弹丸极限直径随其碰撞速度在三个速度区具有不同的变化规律,在变形区非线性递减,在破碎区线性递增,到熔化/汽化区又非线性递减。因此应分三个速度区域分别确立撞击极限方程一般式,而且只要确立了变形区与熔化/汽化区的撞击极限方程一般式,便可以通过其在两个临界速度 V_L 和 V_H 处的弹丸极限直径表达式 $d(V_L)$ 和 $d(V_H)$,由两点确定一条直线的方法得到破碎区方程一般式。三个速度区的临界速度取文献[1]通过大量实验数据分析得到的数值,即 $3.0/(\cos\theta)^{1.5}$ 和 $7.0/\cos\theta$。② 利用相关经验公式及超高速撞击实验和数值仿真数据对待定系数及指数进行求解。待定指数反应对应物理变量在撞击过程中所起的作用,待定系数集中反应未引用的某些材料常数在抵御弹丸撞击破坏中所起的作用,因此它们的正确求解对撞击极限方程的准确性及通用性具有重要影响。③ 采用实验及仿真数据对撞击极限方程一般式进行求解修正和准确性考核。

(1) 量纲理论概述。

量纲理论在流体力学、爆炸力学、天体物理学、兵器穿甲等撞击动力学等多个领域得到了广泛应用,成为进行复杂问题建模的一种重要方法。20世纪60、70年代,国外有关学者在研究单层靶板的超高速撞击问题时,也曾运用过量纲理论。

量纲理论的核心是 Π 定理,这一定理可描述为:若某物理问题涉及 n 个物理量,其中基本物理量有 k 个(即导出物理量有 $n-k$ 个),则一定能构造具有确定函数关系的 $n-k$ 个无量纲变量[41]。k 个基本物理量为 n 个物理量中最大的量纲独立量集合。量纲独立的定义为：对于物理量 a_1，a_2，$\cdots$，a_n，如果找不到常值指数 x_1，x_2，$\cdots$，x_n，使得 $\Pi = a_1^{x_1} a_2^{x_2} \cdots a_n^{x_n}$ 为无量纲量，则 a_1，a_2，$\cdots$，a_n 量纲独立。如果物理量的个数等于这些量的量纲式中所含的基本量纲个数，则当且仅当量纲矩阵（即这些物理量的量纲指数组成的矩阵）的秩等于物理量的个数时，这些物理量量纲独立。

假设某物理问题的函数表达式为 $a = f(a_1, a_2, \cdots, a_n)$，则由 Π 定理，通过量纲分析可得到该问题的无量纲函数表达式 $\Pi = f(1, \cdots, 1, \Pi_1, \Pi_2, \cdots, \Pi_{n-k})$，其中 Π_1，Π_2，$\cdots$，Π_{n-k} 分别表示对应 $n-k$ 个导出物理量的无量纲变量。

在两个物理规律相同的系统中，如果对应的 Π_i $(i = 1, \cdots, n-k)$ 相等，则无量纲因变量 Π 也相等，这时称这两个系统相似，Π_i 称为相似准数。这为物理系统的模型实验研究提供了理论依据，只要使模型与原型的无量纲自变量分别对应相等，就能保证模型实验的模拟精度。模型实验的相似准数中常用到几何相似、材料相似、力学相似等。

与量纲关系式相比，无量纲关系式更能反映物理问题的本质，且减少了自变量个数，使问题得到简化，便于进行实验分析和数值模拟。构造无量纲变量的量纲分析方法主要有标度变换法、瑞利方法、量纲反代换法、物理方程的无量纲化法。

利用量纲理论时需要注意以下两个问题：第一，通过量纲分析只能得到物理问题所包含的无量纲变量，而不能给出它们之间的具体关系式，需要在深入把握问题的物理本质基础上，依靠理论分析、模型实验或数值模拟才能进一步确定无量纲变量之间的关系式，而在工程应用中通常将无量纲变量之间的关系式取为幂乘式；第二，为降低问题的复杂度，便于物理过程函数关系式的确立，在选取物理量时，需要分析和评估各自变量对因变量的作用，以对自变量进行合理取舍。

（2）超高速撞击过程物理量分析。

弹丸与防护结构超高速撞击特性的影响因素包括弹丸的几何参数、材料参数和撞击参数，以及防护结构的几何参数和防护屏材料参数。其中，材料参数包括材料模型参数、状态方程参数、热特性参数，超高速撞击作用下适用的材料模型及状态方程分别为 Johnson-cook 黏塑性模型和 Grüneisen 状态方程。具体来说，超高速撞击过程所涉及的主要物理量包含以下几点。① 弹丸：临界直径 d_c（m），撞击速度 V（m/s），碰撞角 θ（°），材料密度 ρ_p（kg/m³），材料内声速 C_p（m/s），Johnson-cook 黏塑性模型常数 A_p [Pa，或 kg/(m·s²)]、B_p（Pa）、n_p（无量纲）、c_p（无量纲）、m_p（无量纲），Grüneisen 状态方程系数 γ_{0p}（无量纲）、S_{1p}（无量纲），弹性模量 E_p（Pa），泊松比 ν_p（无量纲），屈服极限 σ_p（Pa），比热 c_{vp} [J/(kg·K)，或 m²/(K·s²)]，熔化温度 T_{mp}（℃），溶解热 N_{mp}（J/kg，或 m²/s²），汽化温度 T_{vp}（℃），汽化热 N_{vp}（J/kg）。② 缓冲屏：厚度 t_b，材料密度 ρ_b，材料内声速 C_b，

Johnson-cook 黏塑性模型常数 A_b、B_b、n_b、c_b、m_b，Grüneisen 状态方程系数 γ_{0b}、S_{1b}，弹性模量 E_b，泊松比 ν_b，屈服极限 σ_b，比热 c_{vb}，熔化温度 T_{mb}，溶解热 N_{mb}，汽化温度 T_{vb}，汽化热 N_{vb}。③ 后墙：厚度 t_w，材料密度 ρ_w，材料内声速 C_w，Johnson-cook 黏塑性模型常数 A_w、B_w、n_w、c_w、m_w，Grüneisen 状态方程系数 γ_{0w}、S_{1w}，弹性模量 E_w，泊松比 ν_w，屈服极限 σ_w，比热 c_{vw}，熔化温度 T_{mw}，溶解热 N_{mw}，汽化温度 T_{vw}，汽化热 N_{vw}。④ 间距 $S(\mathrm{m})$。

可见，Whipple 防护结构的超高速撞击过程涉及的物理量有 57 个之多，而且对于填充式防护结构及其他多缓冲屏防护结构，影响撞击特性的物理量会更多。因此，要对防护结构的超高速撞击过程进行无量纲建模，必须对所涉及的物理量进行合理缩减，把对撞击特性影响不明显的物理量略去不予考虑。在复杂物理过程的无量纲建模中，无量纲常数往往不予考虑，于是超高速撞击过程所涉及的无量纲参数均可略去；此外，因目前绝大多数铝合金材料的 Johnson-cook 模型参数未得到，也为降低撞击极限方程的复杂度，将各材料的 Johnson-cook 模型参数忽略掉。上述简化对超高速撞击特性的影响通过方程中相关因式前的系数予以体现。

（3）变形区撞击极限方程一般式确立。

变形区的撞击速度一般在 3 km/s 以下，仅使弹丸与缓冲屏撞击点附近的材料局部熔化；弹丸完整，只发生形状改变；缓冲屏被穿孔，形成固体碎片；后墙在集中载荷作用下，发生极限穿透或层裂剥落。因此，变形区的撞击过程可以忽略材料热效应的影响。此外，缓冲屏穿孔过程中，缓冲屏材料的弹塑性参数影响较小，可以略去；后墙的失效主要取决于材料的塑性参数，因此可略去后墙材料的弹性参数及表示可压缩性的材料声速；如果忽略弹丸形变对其与后墙撞击过程的影响，则弹丸的弹塑性参数及材料声速都可忽略。对于密度的影响，弹丸一般取表征惯性的体密度，缓冲屏及后墙一般采用表示抵御弹丸超高速撞击能力的面密度。此外，因弹丸撞击缓冲屏后保持完整，并未破碎，因而弹丸动能受间距 S 变化的影响非常小，于是可忽略 S 的影响。

在弹丸与 Whipple 防护结构的超高速撞击过程中，影响作用较大的物理量有：弹丸——d_c，ρ_p，V，θ；缓冲屏——m_b，C_b；后墙——m_w，σ_w。其中，d_c、V、ρ_p 这三个物理量量纲独立，作为基本量，由此得到以下无量纲参量：弹丸——θ；缓冲屏——$\dfrac{m_b}{d\rho_p}$，$\dfrac{V}{C_b}$；后墙——$\dfrac{m_w}{d\rho_p}$，$\sqrt{\dfrac{\rho_p V^2}{\sigma_w}}$。$\dfrac{m_b}{d\rho_p}$，$\dfrac{m_w}{d\rho_p}$ 分别表示缓冲屏和后墙与弹丸的面密度之比；$\dfrac{V}{C_b}$ 在空气动力学中称为马赫数，在此表征惯性与可压缩性之比；$\sqrt{\dfrac{\rho_p V^2}{\sigma_w}}$ 为破坏数 $\dfrac{\rho_p V^2}{\sigma_w}$ 的平方根，表征动压与强度之比。

因在变形区,间距对撞击过程几乎没影响,所以此时的 Whipple 防护结构可看作两层叠加的防护板。于是可将弹丸对防护结构的临界穿透视为对缓冲屏的穿孔破坏和对后墙的穿透破坏两个相对独立的过程,且将与每个过程相关的无量纲量写成幂乘式,按此建立以下无量纲变量关系式:

$$\left[c_1 \frac{m_w}{d_c \rho_p} \left(\sqrt{\frac{\rho_p V^2}{\sigma_w}} \right)^{k_1} + c_2 \frac{m_b}{d_c \rho_p} \left(\frac{V}{C_b} \right)^{k_2} \right] (\cos \theta)^{k_3} = 1 \qquad (3-28)$$

式中,c_1、c_2、k_1、k_2、k_3 为常系数或常指数。

由此可得到变形区的撞击极限方程一般式:

$$d_c = \left[c_1 \frac{m_w}{\rho_p} \left(\sqrt{\frac{\rho_p V^2}{\sigma_w}} \right)^{k_1} + c_2 \frac{m_b}{\rho_p} \left(\frac{V}{C_b} \right)^{k_2} \right] (\cos \theta)^{k_3} \qquad (3-29)$$

上式括号中的第一项 $c_1 \dfrac{m_w}{\rho_p} \left(\sqrt{\dfrac{\rho_p V^2}{\sigma_w}} \right)^{k_1}$,表示正撞击情况下后墙对弹丸的防护作

用;第二项 $c_2 \dfrac{m_b}{\rho_p} \left(\dfrac{V}{C_b} \right)^{k_2}$,表示正撞击情况下缓冲屏对弹丸的防护作用。

(4)熔化/汽化区撞击极限方程一般式确立。

Reimerdes 及 Christiansen 都在超高速撞击实验研究中发现,熔化/汽化区内缓冲屏厚度对超高速撞击过程的影响存在一极限值,当缓冲屏厚度增加到一定数值后,防护结构的防护性能不再随缓冲屏的增厚而增强,但在缓冲屏临界厚度的取值上存在较大争议,Reimerdes 认为与弹丸直径 d_c 有关,Christiansen 认为与后墙厚度 t_w 及间距 S 有关。超高速撞击实验数据的验证结果表明 Christiansen 的提法更具普遍性,且便于使用。在此,假定缓冲屏厚度对超高速撞击特性的影响存在一极限值,且采用 Christiansen 的缓冲屏临界厚度取值方法,认为当 $t_b / (t_w^{2/3} S^{1/2}) \geqslant 0.126$ 时,弹丸的极限直径不再随缓冲屏厚度而变化。

对熔化/汽化区撞击特性影响较大的物理量,除变形区所包含的物理量外,还应包含弹丸和缓冲屏的热性能参数,但对 Whipple 防护结构常用的几种铝合金材料,热性能参数相差不大,因此为了便于撞击极限方程式的确立,不直接引入材料的热性能参数,而通过因式前的系数体现其对撞击过程的影响。此外,与变形区不同,缓冲屏和后墙的间距是熔化/汽化区撞击特性的一个重要影响因素,必须予以考虑。于是,熔化/汽化区要考虑的物理参数为:弹丸——d_c,V,θ,ρ_p;缓冲屏——m_b,C_b;后墙——m_w,σ_w;间距——S。

选取 d_c,V,ρ_p 为基本物理量,则得到以下无量纲参量:弹丸——θ;缓冲屏——$\dfrac{m_b}{d_c \rho_p}$,$\dfrac{V}{C_b}$;后墙——$\dfrac{m_w}{d_c \rho_p}$,$\sqrt{\dfrac{\rho_p V^2}{\sigma_w}}$;间距——$\dfrac{S}{d_c}$。

熔化/汽化区的超高速撞击过程中,弹丸撞击缓冲屏形成固、液、气三种物态并存的碎片云,碎片云的速度、扩散角及液、气态成分含量严重影响着其对后墙的损坏程度,而碎片云的物理特性又是由弹丸与缓冲屏的撞击决定的。因此,熔化/汽化区的撞击极限方程可采用最常用的无量纲函数形式,表达为所有无量纲变量的幂乘式,即

$$c_h \cdot \left(\frac{m_w}{d_c \rho_p} \right)^{k_4} \left(\frac{S}{d_c} \right)^{k_5} \left(\frac{V}{C_b} \right)^{k_6} \left(\sqrt{\frac{\rho_p V^2}{\sigma_w}} \right)^{k_7} (\cos \theta)^{k_8} = 1 \qquad (3-30)$$

当 $t_b / (t_w^{2/3} S^{1/2}) \geq 0.126$ 时, $c_h = c_{h0}$;反之, $c_h = c_{h1} t_b / (t_w^{2/3} S^{1/2}) + c_{h2}$。其中,$c_{h0}$、$c_{h1}$、$c_{h2}$、$k_4$、$k_5$、$k_6$、$k_7$、$k_8$ 为常系数或常指数。

由此可得到熔化/汽化区的撞击极限方程一般式:

$$d_c = \left[c_h \cdot \left(\frac{m_w}{\rho_p} \right)^{k_4} S^{k_5} \left(\frac{V}{C_b} \right)^{k_6} \left(\sqrt{\frac{\rho_p V^2}{\sigma_w}} \right)^{k_7} (\cos \theta)^{k_8} \right]^{\frac{1}{k_4+k_5}} \qquad (3-31)$$

式中, $c_h^{1/(k_4+k_5)}$ 集中表示缓冲屏厚度及其他材料参数在抵御弹丸撞击破坏过程中所起作用。

(5) 破碎区撞击极限方程一般式确立。

由变形区和熔化/汽化区的撞击极限方程一般式,可得到在两个临界速度 $V_L = 3.0(\cos \theta)^{-1.5}$ 和 $V_H = 7.0(\cos \theta)^{-1}$ 处的弹丸极限直径表达式: $d_{cL} = d_c[V = 3.0(\cos \theta)^{-1.5}]$, $d_{cH} = d_c[V = 7.0(\cos \theta)^{-1}]$。

再由两点确定一条直线的方法得到破碎区方程一般式:

$$\begin{aligned} d_c = d_{cL} \cdot [7.0(\cos \theta)^{-1} - V] / [7.0(\cos \theta)^{-1} - 3.0(\cos \theta)^{-1.5}] \\ + d_{cH} \cdot [V - 3.0(\cos \theta)^{-1.5}] / [7.0(\cos \theta)^{-1} - 3.0(\cos \theta)^{-1.5}] \end{aligned}$$

$$(3-32)$$

(6) 待定常数确定。

在超高速撞击实验数据不足的情况下,可以首先利用国际上通过大量超高速撞击实验获得的相关经验公式,确定某几个待定指数的取值。例如,在变形区,可利用 Christiansen 通过实验获得的经验关系式 $d_c \propto V^{-2/3}$;在熔化/汽化区,可利用 Y. C. Angel 通过理论分析和 Reimerdes 通过实验获得的相同关系式 $d_c \propto S^{1/3} \sigma_w^{1/3} V^{-2/3}$。

然后,通过超高速撞击实验和数值仿真,确定剩余的待定指数和所有待定系数。由于超高速撞击实验采用真实材料的弹丸和缓冲屏进行实验,且弹丸发射设备和撞击参数测量设备都具有较高精度,因此实验结果的误差较小。而数值仿真

中由于所用材料模型和算法都可能存在一定误差,使得仿真结果的误差相对较大。因此为保证撞击极限方程的精度,应优选实验来确定撞击极限方程的待定常数。但实验设备的发射能力仅在 7 km/s 左右,因此确定熔化/汽化区撞击极限方程的待定常数时,必须采取实验和仿真相结合的方法。

对于通过经验公式无法确定的待定指数及待定系数,理论上只需要选取与待定数等数量的 n 个实验或仿真数据,代入撞击极限方程一般式,得到以待定数为未知数的 n 个方程,通过联立求解方程组即可获得待定数的数值。但为了弥补实验和仿真数据的误差,并提高方程的通用性,将实验或仿真数据的数目取为待定常数个数的若干倍,列出多组方程组,分别进行求解。然后对求出的各待定常数的多个数值进行统计分析,以均值及置信区间的形式给出其取值。

为减少求解待定系数所需的超高速撞击实验数据量,文献[42]采用差异演化优化算法,对综合建模方法获得的填充式防护结构撞击极限方程一般式中的待定参数进行了优化求解,取得较好效果。

3.2.3　典型防护结构超高速撞击极限方程

国外对撞击极限方程的研究已进行了几十年,以 NASA 为代表的航天机构主要通过超高速撞击实验,建立了数类工程实用的撞击极限方程,包括单墙结构、Whipple 防护结构、Nextel/Kevlar 填充式防护结构、铝网双缓冲屏防护结构、可展开防护结构等[6,32-34]。在国内,中国空间技术研究院、哈尔滨工业大学、北京航空航天大学等科研机构和高校在撞击极限方程建模方法研究的基础上,并基于超高速撞击实验和数值仿真等数据,研究形成了常用防护结构的超高速撞击极限方程。

1. 单层板结构撞击极限方程

单墙结构由于只有后墙,不含有缓冲屏,所以其撞击极限方程较简单,只涉及弹丸的碰撞参数及后墙的材料及几何参数。从 20 世纪 60 年代末到 90 年代初,不同研究机构先后开发了以下五组单墙结构的撞击极限方程:Fish-Summers 方程,Schmidt-Hoisapple 方程,Rockwell 方程,Cour-Palais 方程,Modified Cour-Palais 方程。从所反映的物理量来看,五组方程经历了一个逐渐发展完善的过程。它们在表达形式上有所不同,Schmidt-Hoisapple 给出的是弹丸极限直径的函数表达式,Fish-Summers 给出的是后墙临界厚度的函数表达式,而其余三个方程都是先给出后墙被撞弹坑深度的函数表达式,然后通过其与后墙撞击极限尺寸之间的关系,间接获得临界后墙厚度。其中 Modified Cour-Palais 方程是目前工程上应用最广泛的单墙结构撞击极限方程,其后墙撞坑深度方程为

$$P = 5.24 d^{\frac{19}{18}} BH^{-0.25} \left(\frac{\rho_P}{\rho_t}\right)^{0.5} \left(\frac{V_n}{C}\right)^{\frac{2}{3}} \tag{3-33}$$

后墙撞击极限厚度与后墙撞坑深度的关系为

$$t_b = 1.8p \tag{3-34}$$

后墙的崩落极限厚度与后墙撞坑深度的关系为

$$t_s = 2.2p \tag{3-35}$$

式中，P 表示撞坑深度，cm；d 表示弹丸极限直径，cm；BH 表示后墙布氏硬度；ρ_p、ρ_t 分别表示弹丸和后墙材料密度，g/cm³；V_n 表示弹丸撞击速度，km/s；C 表示后墙材料内声速，km/s。

该方程为防护结构设计方程，用于撞击风险评估时需转化为描述弹丸极限直径 d 的分析方程。

此外，NASA 和 ESA 还开发了几类特殊材料单墙结构（如用于热控系统的特殊材料隔热板，舷窗及光学仪器的玻璃结构，太阳翼帆板，蜂窝夹层结构板等）的撞击极限方程。

2. Whipple 防护结构撞击极限方程

航天技术发展早期，航天器受到的碰撞威胁主要来自高速运动的微流星体，所以早期对撞击极限方程的研究，主要集中在熔化/汽化区速度范围内。NASA 约翰逊空间中心 Cour - Palais，首先于 20 世纪 60 年代基于超高速撞击实验和速度外推技术开发了适于 Whipple 防护结构的第一组撞击极限方程；又于 20 世纪 70 年代进行了修正，形成了改进的 Cour - Palais 撞击极限方程；随着空间碎片数量的增多及其对航天器威胁的增大，20 世纪 90 年代前后，NASA 约翰逊空间中心 Christiansen 在 200 多次超高速撞击实验基础上，并引用熔化/汽化区改进的 Cour - Palais 撞击极限方程，开发了 Whipple 防护结构包括三个速度区的完整撞击极限方程，称作新 Cour - Palais 撞击极限方程，此方程可直接确定弹丸极限尺寸，用于空间碎片撞击风险评估；2001 年，Christiansen 又对新 Cour - Palais 撞击极限方程进行修正，得到了适用范围更广的撞击极限方程，称作新 Christiansen 撞击极限方程，方程中不仅重新评估了某些参数在超高速撞击过程中的作用，而且在熔化/汽化区的方程中考虑进了缓冲屏厚度的影响。此外，20 世纪 90 年代德国的 Reimerdes 也对新 Cour - Palais 撞击极限方程作了修正完善，得到了 Whipple 防护结构的新撞击极限方程，同时通过对 Whipple 防护结构方程的局部改进，得到了双铝合金缓冲屏防护结构的撞击极限方程。

新 Christiansen 撞击极限方程为

$V_n \geqslant 7/\cos\theta$ 时，

$$d_c = k_h (t_w \rho_w)^{2/3} S^{1/2} \rho_p^{-1/3} \rho_b^{-1/9} (V\cos\theta)^{-2/3} (\sigma/70)^{1/3} \tag{3-36}$$

$3/(\cos\theta)^{1.5} < V_n < 7/\cos\theta$ 时，

$$d_c = k_{li} \rho_p^{-0.5} [t_w(\sigma/40)^{0.5} + C_L m_b] (\cos\theta)^{-5/6} (7/\cos\theta - V) /$$
$$[7/\cos\theta - 3/(\cos\theta)^{1.5}] + k_{hi}(t_w \rho_w)^{2/3} S^{1/2} \rho_p^{-1/3} \rho_b^{-1/9} \times \qquad (3-37)$$
$$(\sigma/70)^{1/3} [V - 3/(\cos\theta)^{1.5}] / [7/\cos\theta - 3/(\cos\theta)^{1.5}]$$

$V_n \leqslant 3/(\cos\theta)^{1.5}$ 时，

$$d_c = 1.9 [t_w(\sigma/40)^{0.5} + C_L m_b] (\cos\theta)^{-11/6} \rho_p^{-0.5} V^{-2/3} \qquad (3-38)$$

当 $t_b/(t_w^{2/3} S^{1/2}) \geqslant 0.126$ 时，$k_h = 1.35$；反之，$k_h = 7.451 t_b/(t_w^{2/3} S^{1/2}) + 0.411$。式中，$k_{hi}\{\mathrm{g}^{-2/9}\mathrm{cm}^{1/2}\} = 7^{-2/3} k_h$，$k_{li}\{\mathrm{g}^{0.5}\mathrm{cm}^{-3/2}\} = 3^{-2/3} k_l$，$C_L = 0.37~\mathrm{g}^{-1}\mathrm{cm}^3$；在整个速度范围内，当碰撞角大于 65° 时，采用 65° 进行计算，即 $d_c(\theta > 65°) = d_c(\theta = 65°)$。

国内自 2000 年以来也开始了 Whipple 防护结构撞击极限方程的研究，以下给出了文献[3]采用综合建模方法建立的 Whipple 防护结构撞击极限方程：

$V \leqslant 3.0/(\cos\theta)^{1.5}$ 时，

$$d_c = (c_{l1} t_w \rho_w \rho_p^{-1/3} \sigma_w^{1/3} + c_{l2} t_b \rho_b C_b^{2/3}) \rho_p^{-1} V^{-2/3} (\cos\theta)^{k_3} \qquad (3-39)$$

$V \geqslant 7.0/(\cos\theta)$ 时，

$$d_c = c_h (t_w \rho_w)^{2/3} \rho_p^{-1} S^{1/3} \sigma_w^{1/3} (V\cos\theta)^{-2/3} \qquad (3-40)$$

$3.0/(\cos\theta)^{1.5} < V < 7.0/(\cos\theta)$ 时，

$$d_c = 0.481 \cdot (c_{l1} t_w \rho_w \rho_p^{-1/3} \sigma_w^{1/3} + c_{l2} t_b \rho_b C_b^{2/3}) \rho_p^{-1} (\cos\theta)^{-5/6} \times$$
$$[7.0(\cos\theta)^{-1} - V] / [7.0(\cos\theta)^{-1} - 3.0(\cos\theta)^{-1.5}] \qquad (3-41)$$
$$+ 0.273 \cdot c_h (t_w \rho_w)^{2/3} \rho_p^{-1} S^{1/3} \sigma_w^{1/3} [V - 3.0(\cos\theta)^{-1.5}] /$$
$$[7.0(\cos\theta)^{-1} - 3.0(\cos\theta)^{-1.5}]$$

在整个速度范围内，当碰撞角大于 70° 时，采用 70° 进行计算，即 $d_c(\theta > 70°) = d_c(\theta = 70°)$。

3. 填充式防护结构撞击极限方程

Christiansen 在大量 Nextel/Kevlar 填充式双屏防护结构超高速撞击实验基础上，于 1995 年公布了 Nextel/Kevlar 填充式双屏防护结构的撞击极限方程，又于 2001 年发表了修正后的撞击极限方程。其方程为

$V_n \geqslant 6.5/(\cos\theta)^{0.75}$ 时，

$$d_c = 0.6(t_w \rho_w)^{1/3} \rho_p^{-1/3} (\sigma/40)^{1/6} S^{2/3} V^{-1/3} (\cos\theta)^{-0.5} \qquad (3-42)$$

$2.6/(\cos\theta)^{0.5} < V_n < 6.5/(\cos\theta)^{0.75}$ 时，

$$d_c = 1.243\left[t_w(\sigma/40)^{0.5} + 0.37\,m_b\right]\rho_p^{-0.5}(\cos\theta)^{-1}\left[6.5/(\cos\theta)^{0.75} - V\right]/$$

$$\left[6.5/(\cos\theta)^{0.75} - 2.6/(\cos\theta)^{0.5}\right] + 0.321(t_w\rho_w)^{1/3}(\sigma/40)^{1/6}S^{2/3} \times$$

$$\rho_p^{-1/3}(\cos\theta)^{-0.25}\left[V - 2.6/(\cos\theta)^{0.5}\right]/\left[6.5/(\cos\theta)^{0.75} - 2.6/(\cos\theta)^{0.5}\right]$$

$$(3-43)$$

$V_n \leqslant 2.6/(\cos\theta)^{0.5}$ 时,

$$d_c = 2.35\left[t_w(\sigma/40)^{0.5} + 0.37\,m_b\right]\rho_p^{-0.5}V^{-2/3}(\cos\theta)^{-0.75} \qquad (3-44)$$

国内多篇文献开展了填充式防护结构的撞击极限方程建模研究。文献[41]针对玄武岩/Kevlar布填充防护结构,初步建立了超高速撞击撞击极限方程的一般形式。

弹道区撞击极限方程:

$$d_c = \beta_1\left[\frac{t_w\rho_w + 1.8(\alpha_1)^{1/\alpha_2}(\sigma_b/\sigma_w)^{\alpha_3/\alpha_2}(\rho_b t_b + m_b)}{1.8\rho_w}\right]\left(\frac{\rho_p}{\rho_w}\right)^{\beta_2}\left[\frac{\sigma_w}{\rho_w(v\cos\theta)^2}\right]^{\beta_3}$$

$$(3-45)$$

熔化/气化区撞击极限方程:

$$d_c = \chi_1\left(\frac{t_b}{S}\right)^{\chi_2}\left(\frac{S_1}{S}\right)^{\chi_3}(S)^{\chi_4}\left(\frac{\rho_w t_w}{\rho_p}\right)^{\chi_5}\left[\frac{\sigma_w}{\rho_w(v\cos\theta)^2}\right]^{\chi_6}$$

$$= \chi_1(t_b)^{\chi_2}(S_1)^{\chi_3}(S)^{\chi_4 - \chi_3 - \chi_2}\left(\frac{\rho_w t_w}{\rho_p}\right)^{\chi_5}\left[\frac{\sigma_w}{\rho_w(v\cos\theta)^2}\right]^{\chi_6}$$

$$(3-46)$$

破碎区撞击极限方程:

$$d_c = d_c(v_L) + \frac{d_c(v_H) - d_c(v_L)}{v_H - v_L} \cdot (v - v_L) \qquad (3-47)$$

4. 其他防护结构撞击极限方程

20世纪90年代初,Christiansen对Nextel多屏防护结构、铝网双屏防护结构进行了150多次超高速撞击实验,对Nextel/铝多屏防护结构进行了50多次超高速撞击实验,并利用改进的Cour-Palais方程,开发了这三种防护结构的撞击极限方程。

1) Nextel多缓冲屏防护结构撞击极限方程

$V_n \geqslant 6.4/(\cos\theta)^{0.25}$ 时,

$$d_c = 0.358(t_w\rho_w)^{1/3}S^{2/3}\rho_p^{-1/3}(V\cos\theta)^{-1/3}(\sigma/40)^{1/6} \qquad (3-48)$$

$2.4/(\cos\theta)^{0.5} < V_n < 6.4/(\cos\theta)^{0.25}$ 时,

$$d_c = 1.12\rho_p^{-0.5}\left[t_w(\sigma/40)^{0.5} + 0.37 m_b\right](\cos\theta)^{-1} \cdot \left[6.4/(\cos\theta)^{0.25} - V\right]/$$
$$\left[6.4/(\cos\theta)^{0.25} - 2.4/(\cos\theta)^{0.5}\right] + 0.193(t_w\rho_w)^{1/3}S^{2/3}\rho_p^{-1/3}(\cos\theta)^{-1/4} \times$$
$$(\sigma/40)^{1/6} \cdot \left[V - 2.4/(\cos\theta)^{0.5}\right]/\left[6.4/(\cos\theta)^{0.25} - 2.4/(\cos\theta)^{0.5}\right]$$

$$(3-49)$$

$V_n \leqslant 2.4/(\cos\theta)^{0.5}$ 时，

$$d_c = 2\left[t_w(\sigma/40)^{0.5} + 0.37 m_b\right]/\left[(\cos\theta)^{4/3}\rho_p^{0.5}V^{2/3}\right] \qquad (3-50)$$

2）铝网双缓冲屏防护结构撞击极限方程

$V_n \geqslant 6.4/(\cos\theta)^{1/3}$ 时，

$$d_c = 0.6(t_w\rho_w)^{1/3}S^{1/2}\rho_p^{-1/3}(V\cos\theta)^{-1/3}(\sigma/40)^{1/6} \qquad (3-51)$$

$2.8/(\cos\theta)^{0.5} < V_n < 6.4/(\cos\theta)^{1/3}$ 时，

$$d_c = 1.11\rho_p^{-0.5}\left[t_w(\sigma/40)^{0.5} + 0.37 m_b\right](\cos\theta)^{-4/3} \cdot \left[6.4/(\cos\theta)^{1/3} - V\right]/$$
$$\left[6.4/(\cos\theta)^{1/3} - 2.8/(\cos\theta)^{0.5}\right] + 0.323(t_w\rho_w)^{1/3}S^{1/2}\rho_p^{-1/3}(\cos\theta)^{-2/9} \times$$
$$(\sigma/40)^{1/6} \cdot \left[V - 2.8/(\cos\theta)^{0.5}\right]/\left[6.4/(\cos\theta)^{1/3} - 2.8/(\cos\theta)^{0.5}\right]$$

$$(3-52)$$

$V_n \leqslant 2.8/(\cos\theta)^{0.5}$ 时，

$$d_c = 2.2(t_w(\sigma/40)^{0.5} + 0.37 m_b)/\left[(\cos\theta)^{5/3}\rho_p^{0.5}V^{2/3}\right] \qquad (3-53)$$

3）Nextel/铝多缓冲屏防护结构撞击极限方程

$V_n \geqslant 6.5/(\cos\theta)^{2/3}$ 时，

$$d_c = 2.4(t_w\rho_w)^{2/3}S^{1/3}\rho_p^{-1/3}\rho_A^{-1/9}(V\cos\theta)^{-2/3}(\sigma/40)^{1/3} \qquad (3-54)$$

$2.7/(\cos\theta)^{0.5} < V_n < 6.5/(\cos\theta)^{2/3}$ 时，

$$d_c = 0.698(t_w\rho_w)^{2/3}S^{1/3}\rho_p^{-1/3}\rho_A^{-1/9}(\cos\theta)^{-2/9}(\sigma/40)^{1/3} \cdot \left[V - 2.7/(\cos\theta)^{0.5}\right]/$$
$$\left[6.5/(\cos\theta)^{2/3} - 2.7/(\cos\theta)^{0.5}\right] + 1.031\rho_p^{0.5}\left[t_w(\sigma/40)^{0.5} + 0.37 m_b\right] \times$$
$$(\cos\theta)^{(1/3-X)}\left[6.5/(\cos\theta)^{2/3} - V\right]/\left[6.5/(\cos\theta)^{2/3} - 2.7/(\cos\theta)^{0.5}\right]$$

$$(3-55)$$

$V_n \leqslant 2.7/(\cos\theta)^{0.5}$ 时，

$$d_c = 2\left[t_w(\sigma/40)^{0.5} + 0.37 m_b\right]/\left[(\cos\theta)^{X}\rho_p^{0.5}V^{2/3}\right] \qquad (3-56)$$

式中，当 $\theta \leqslant 45°$ 时，指数 $X = 7/3$；当 $\theta > 45°$ 时，指数 $X = 2$。

在整个速度范围内，当碰撞角大于 75°时，采用 75°进行计算，即 $d_c(\theta > 75°) =$

$d_c (\theta = 75°)$

4) 柔性可展开防护结构撞击极限方程

$V_n \geqslant 6.4/(\cos \theta)^{0.25}$ 时，

$$d_c = 0.41 \, m_w^{1/3} \rho_p^{-1/3} S^{2/3} V^{-1/3} (\cos \theta)^{-1/3} \tag{3-57}$$

$2.4/(\cos \theta)^{0.5} < V_n < 6.4/(\cos \theta)^{0.25}$ 时，

$$d_c = 1.506(0.5 \, m_w + 0.37 \, m_b)\rho_p^{-0.5} (\cos \theta)^{-1} [6.4/(\cos \theta)^{0.25} - V]/$$
$$[6.4/(\cos \theta)^{0.25} - 2.4/(\cos \theta)^{0.5}] + 0.221 \, m_w^{1/3} \rho_p^{-1/3} S^{2/3} \times$$
$$(\cos \theta)^{-1/4} [V - 2.4/(\cos \theta)^{0.5}]/[6.4/(\cos \theta)^{0.25} - 2.4/(\cos \theta)^{0.5}] \tag{3-58}$$

$V_n \leqslant 2.4/(\cos \theta)^{0.5}$ 时，

$$d_c = 2.7(0.5 \, m_w + 0.37 \, m_b)\rho_p^{-0.5} V^{-2/3} (\cos \theta)^{-0.75} \tag{3-59}$$

5) 卫星铝蜂窝结构包覆热控多层组件的撞击极限方程

NASA、ESA 及国内相关单位通过超高速撞击实验研究了铝蜂窝板结构包覆热控多层组件 MLI（MLI 中还可添加 Kevlar、Nextel 等增强材料）后的超高速撞击特性，并进行了撞击极限方程建模研究。以下为文献[40]初步建立的包覆热控多层组件铝蜂窝结构的超高速撞击极限方程：

$$d_c = \begin{cases} k_h \dfrac{\left\{ (t_b \rho_b + m_{EMLI} + t_w \rho_w) \left[1 + \left(\dfrac{m_{EMLI}}{t_b \rho_b + t_w \rho_w} \right)^{1/3} \right] \right\}^{3/5} (\sigma_Y/70)^{1/6} S^{1/4}}{\rho_p^{1/3} V^{2/3} (\cos \theta)}, \quad V \geqslant V_H/\cos \theta \\[4mm] k_{hi} = \dfrac{\left\{ (t_b \rho_b + m_{EMLI} + t_w \rho_w) \left[1 + \left(\dfrac{m_{EMLI}}{t_b \rho_b + t_w \rho_w} \right)^{1/3} \right] \right\}^{3/5} (\sigma_Y/70)^{1/6} S^{1/4}}{\rho_p^{1/3} (\cos \theta)^{1/3}} \dfrac{(V\cos \theta - V_L)}{(V_H - V_L)} \\[4mm] \quad + k_{li} \left[\dfrac{(t_b \rho_b + m_{EMLI} + t_w \rho_w)(\sigma_Y/40)^{1/4}}{\rho_p^{1/2}} \right] \dfrac{(V_H - V\cos \theta)}{(V_H - V_L)}, \quad V_L/\cos \theta < V < V_H/\cos \theta \\[4mm] k_l \left[\dfrac{(t_b \rho_b + m_{EMLI} + t_w \rho_w)(\sigma_Y/40)^{1/4}}{\rho_p^{1/2} (V\cos \theta)^{2/3}} \right], \quad V \leqslant V_L/\cos \theta \end{cases} \tag{3-60}$$

式中，$V_H = 7.0 \, \text{km/s}$；$V_L = 2.7 \, \text{km/s}$；$k_{hi} = k_h V_H^{-2/3}$；$k_{li} = k_l V_L^{-2/3}$。

$$k_h = \begin{cases} 0.98, & \text{MLI 呈隆起状态} \\ 0.65, & \text{MLI 呈紧贴状态} \end{cases}, \quad k_l = \begin{cases} 1.2, & \text{MLI 呈隆起状态} \\ 0.93, & \text{MLI 呈紧贴状态} \end{cases}。$$

3.3　防护结构优化设计

空间碎片防护结构属于航天器本体结构外的附加部分,应尽量缩减其重量。为合理有效缩减防护结构重量,需要结合空间碎片防护结构特点,采用适用的优化理论方法,并开发优化软件,实施防护结构的优化设计。防护优化理论方法是研究防护优化技术的理论基础,为防护结构设计优化提供高效实用的防护优化数学模型及高精度高效率的防护优化算法。

3.3.1　防护结构设计优化理论建模

利用优化方法进行防护结构优化设计,首先需要将防护结构优化问题表达成数学模型的形式,明确优化设计三要素,即设计变量、优化目标及约束条件。为降低防护结构设计优化过程的复杂性,一般先选定防护结构类型及防护屏材料,只进行防护结构几何参数的优化。工程上一般需要进行如下两类优化设计:第一类,质量最小化优化设计,即在一定的航天器非失效概率指标约束下,使防护结构的质量达到最小;第二类,非失效概率最大化优化设计,即在一定的防护结构质量指标约束下,使防护结构提供的非失效概率最大。其中以第一类为最常见,同时也是国外研究的重点。下面以第一类优化问题为例,对其优化设计三要素进行分析研究[43]。

1. 设计变量

设计变量的选取,需要考虑多方面因素。首先,应能反映或可转化为防护结构的设计参数;其次,应能描述防护结构质量模型 $Mass(X)$ 和非穿透概率模型 $PNP(X)$;另外,为提高优化效率,设计变量的数量应尽量少。

防护结构的撞击极限方程是求解 $PNP(X)$ 的重要输入条件,所以设计变量的选取应从各种防护结构的撞击极限方程入手。在防护屏材料已选定的前提下,各类防护结构的撞击极限方程中与防护结构参数有关的变量分为以下几类。

(1) 单墙防护结构:后墙厚度 t_w。

(2) Whipple 防护结构:后墙厚度 t_w,缓冲屏面密度 t_b,缓冲屏与后墙间的距离 S。

(3) 填充式防护结构、铝网双屏防护结构、多屏防护结构:后墙厚度 t_w,所有缓冲屏的总面密度 m_b,最外层缓冲屏与后墙之间的总距离 S。每一类防护结构的经验设计方程中给出了各缓冲屏的面密度比和各相邻防护屏间的距离比:对于填充式防护结构,$m_1 : m_{\text{Nextel}} : m_{\text{Kevlar}} = 1 : 1 : 0.375$,$S_1 : S_2 = 1 : 1$;对于铝网双屏防护结构,$m_1 : m_2 : m_3 = 1 : 2.66 : 1.83$,$S_1 : S_2 : S_3 = 1 : 2 : 1$;对于多屏防护结构,$m_1 : m_2 : m_3 : m_4 = 1 : 1 : 1 : 1$,$S_1 : S_2 : S_3 : S_4 = 1 : 1 : 1 : 1$。

(4) 综合各类防护结构,设计变量可选为: t_w, m_b, S。 对于单墙防护结构, $m_b = 0$;对于 Whipple 防护结构, m_b 指铝缓冲屏的面密度,可转换为厚度 t_b;对于填充式防护结构、铝网双屏防护结构、多屏防护结构, m_b 指所有缓冲屏的总面密度, S 指防护结构总间距,已知 m_b、S 后,由各缓冲屏的面密度比和各相邻防护屏的间距比,可求得各缓冲屏的面密度 m_b^j 及各相邻防护屏的间距 S^j,对于非柔性材料, m_b^j 还可转换成厚度 t_b^j。

2. 目标函数

优化目标为防护结构系统的总质量 $\mathrm{Mass}(X)$,包括各防护结构的后墙质量 $\mathrm{Mass_{Wall}}$、缓冲屏质量 $\mathrm{Mass_{Shield}}$ 和防护屏之间支撑固定结构的质量 $\mathrm{Mass_{Spacing}}$,它们的计算公式如下:

$$
\begin{cases}
\mathrm{Mass}(X) = \mathrm{Mass_{Wall}} + \mathrm{Mass_{Shield}} + \mathrm{Mass_{Spacing}} \\
\mathrm{Mass_{Wall}} = \displaystyle\sum_{i=1}^{n} A_i \rho_{wt} t_{wt} \\
\mathrm{Mass_{Shield}} = \displaystyle\sum_{i=1}^{n} A_i m_{bi} \\
\mathrm{Mass_{Spacing}} = \mathrm{Mass_{Shield}} \left(0.5 + 0.75 \cdot \dfrac{S}{10} \right)
\end{cases}
\tag{3-61}
$$

式中, n 表示优化对象所包含的防护结构数目; A_i 表示第 i 防护单元的表面积; ρ_{wi}、t_{wi} 分别表示第 i 防护结构的后墙密度及厚度; m_{bi} 表示第 i 防护结构缓冲屏总面密度。

3. 约束条件

防护优化问题的约束条件有两类:第一类,几何约束条件,对所有设计变量取值的上下边界进行限定;第二类,非线性性状约束条件 $[\mathrm{PNP}] - \mathrm{PNP}(X) \leqslant 0$,表示防护结构实际达到的非穿透概率 $\mathrm{PNP}(X)$ 不小于航天器系统要求的最小非穿透概率 $[\mathrm{PNP}]$。

$\mathrm{PNP}(X)$ 的计算非常复杂,无法写成设计变量的显函数式,只能由防护优化评估软件进行求解。

4. 防护优化模型

综上所述,可将各类防护结构的质量最小化防护优化问题描述成以下统一的数学模型:

Min.　$\mathrm{Mass}(X)$. $X = \{ t_{w1}, m_{b1}, S_1; t_{w2}, m_{b2}, S_2; \cdots; t_{wn}, m_{bn}, S_n \}$

S.T.　$[\mathrm{PNP}] - \mathrm{PNP}(X) \leqslant 0$

　　$t_{wj}^L \leqslant t_{wj} \leqslant t_{wj}^U, \ m_{bj}^L \leqslant m_{bj} \leqslant m_{bj}^U, \ S_j^L \leqslant S_j \leqslant S_j^U, \ j = 1, \cdots, n$

$$\tag{3-62}$$

与此类似,可得到非失效概率最大化优化设计问题的数学模型:

Max.　　$\mathrm{PNP}(X)$, $X = \{t_{w1}, m_{b1}, S_1; \cdots; t_{wn}, m_{bn}, S_n\}$

S. T.　　$\mathrm{Mass}(X) - [\mathrm{Mass}] \leqslant 0$

$$t_{wj}^L \leqslant t_{wj} \leqslant t_{wj}^U, m_{bj}^L \leqslant m_{bj} \leqslant m_{bj}^U, S_j^L \leqslant S_j \leqslant S_j^U, j = 1, \cdots, n$$

$$(3-63)$$

3.3.2　防护优化算法

空间碎片防护结构设计优化问题具有自身的特殊性及复杂性。首先,它属于非连续非线性优化问题,优化模型中的非穿透概率计算函数 $\mathrm{PNP}(X)$ 是设计变量的高度非连续非线性函数,很难写出明显的解析表达式,只能依靠空间碎片撞击风险评估软件进行求解。其次,空间碎片防护优化问题属于多峰函数优化问题,优化过程中存在大量局部最优解。此外, $\mathrm{PNP}(X)$ 的计算耗时较大,而且随着优化对象表面有限单元的增多,计算耗时会成正相关增加。

因此,防护优化算法须具备以下三个特点:不需要导数信息;全局优化能力强;优化效率高。为此,结构优化设计中常用的准则法及对偶方法已不再适用防护优化问题。演化算法是模拟生物进化过程的概率性解群寻优方法,可用来求解复杂优化问题。经研究表明,演化算法中的差异演化算法适于求解防护优化问题。以下介绍了改进的差异演化算法,并描述了防护优化约束处理方法。

演化算法是模拟生物进化过程的概率性解群寻优方法,主要用来求解复杂优化问题。与数值优化方法不同,演化算法对若干个体组成的种群(即若干个点)进行优化操作,由一代种群进化到新一代种群。目前,个体编码方式多采用实数编码,这时的个体便是所有设计变量组成的向量,代表优化问题的一组可能解。个体中的设计变量称为基因。演化操作算子主要有三个,即选择、交叉、变异。目前,演化算法主要有遗传算法(genetic algorithms,GA)、演化策略(evolutionary strategies,ES)、差异演化(differential evolution,DE)、遗传编程(genetic programming,GP)和进化编程(evolutionary programming,EP)等分支。其中遗传算法、差异演化比较适于求解数值优化问题。

演化算法的优点在于不需要导数信息且全局寻优能力强,这基本满足了防护优化问题的求解要求。但演化算法的函数计算次数多,收敛速度慢,因此应该选择优化效率较高的演化算法,甚至需要通过有效改进来增强算法对防护优化问题的适用性。

1. 改进差异演化算法

差异演化算法是 Storn 和 Price 于 1995 年提出的一种演化算法。通过优化函数测试表明,差异演化在绝大多数情况下比遗传算法等具有更强的全局搜索能力。

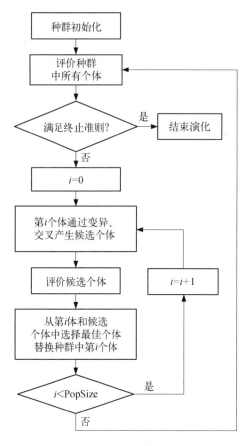

图 3 - 25　差异演化算法程序流程

差异演化算法的进化过程与遗传算法类似,也需要经过选择、变异、交叉三个操作,但其变异机理、个体选择范围与遗传算法不同。差异演化算法首先对种群中的所有个体逐个进行基于个体差异的变异操作,然后与对应的父个体进行离散交叉生成候选个体,最后候选个体与父个体进行竞争,较优的个体被选中,形成数目不变的下一代新种群。通过上述的变异、交叉和选择对种群中的每个个体进行循环操作,得到下一代种群,如此演化若干代获得优化问题的最优解。差异演化算法程序流程见图 3 - 25。

1997 年,Storn 根据变异操作中被变异个体、差异向量个数的不同及交叉操作中是否固定交叉位,发展了多种差异演化模式。通过数值仿真发现,差异演化模式 rand/1/exp 及 rand/2/exp 不仅具有较强的全局搜索能力,而且局部优化能力也很强,无论对于单峰函数,还是多峰复杂函数,经历较少代数就能收敛到理论最优解;而其他几种演化模式全局寻优能力不足,对于复杂多峰函数只能收敛到某些局部最优解,难以获得理论最优解。为更适于空间碎片防护优化问题,以下介绍改进的差异演化模式 rand/1/exp。

1) 变异

设当前演化个体为 $x_i(t)$,i 为当前个体在种群中的序号,t 为演化代数。从当前种群中随机选取四个个体 $x_{r1}(t)$、$x_{r2}(t)$、$x_{r3}(t)$ 和 $x_{r4}(t)$($r1 \neq r2 \neq r3 \neq r4 \neq i$),变异后个体 $u_i(t+1)$ 由下式得到:

$u_i(t+1) = 0.5 \times [x_{r1}(t) + x_{r2}(t)] + F \cdot [x_{r3}(t) - x_{r4}(t)]$,由被变异个体 $0.5 \times [x_{r1}(t) + x_{r2}(t)]$ 和差异向量 $F \cdot [x_{r3}(t) - x_{r4}(t)]$ 构成。其中 $F \in [0.2, 1.0]$ 为缩放因子,控制差异向量的缩放程度。改进之处在于,将被变异个体由原来的单个个体 $x_{r1}(t)$ 变为两个个体的中间个体 $0.5 \times [x_{r1}(t) + x_{r2}(t)]$,有效降低了被变异个体的随机性,有利于优化方向的保持,为优化效率的提高提供了可能。

2) 交叉

变异后个体 $u_i(t+1)$ 和种群中当前的演化个体 $x_i(t)$ 以离散交叉方式进行交

叉操作,生成试用个体 $v_i(t+1)$。$v_i(t+1)$ 第 j 个分量表示为

$$v_{ij}(t+1) = \begin{cases} u_{ij}(t+1), & \text{randf}(0,1) \leq CR \\ x_{ij}(t), & \text{randf}(0,1) > CR \end{cases} \tag{3-64}$$

其中,randf$(0,1)$ 为 $(0,1)$ 间均匀分布的随机数,randi$(1,D)$ 为 $\{1,2,\cdots,D\}$ 中随机选取的整数;$CR \in [0,1]$ 为交叉概率。一般情况下,整个演化过程中 CR 取固定值 0.9 即可获得较好的结果;本文设计了 CR 值的自适应调整方法,使演化效率得到了进一步提高。调整方法可用下式表示:

$$CR = \begin{cases} CR_1 - \dfrac{(CR_1 - CR_2)(f_{\text{avg}} - f)}{f_{\text{avg}} - f_{\text{min}}}, & f \leq f_{\text{avg}} \\ CR_1, & f > f_{\text{avg}} \end{cases} \tag{3-65}$$

其中,f_{avg} 为当前种群适应度平均值;f_{min} 为当前种群适应度最小值;f 为当前演化个体适应度值;$CR_1 = 0.9$;$CR_2 = 0.6$。

3) 选择

试用个体 $v_i(t+1)$ 与当前演化个体 $x_i(t)$ 通过贪婪方式进行优选。对于最小化问题,选择操作可用下式表示:

$$x_i(t+1) = \begin{cases} v_i(t+1), & f[v_i(t+1)] \leq f[x_i(t)] \\ x_i(t), & f[v_i(t+1)] > f[x_i(t)] \end{cases} \tag{3-66}$$

通过上述的变异、交叉和选择对种群中的每个个体进行循环操作,得到下一代种群,如此演化若干代获得优化问题的最优解。

采用典型的优化测试函数,对改进后差异演化算法(MDE)与基本差异演化算法(DE)进行对比仿真显示,MDE 的优化收敛迭代次数明显缩短。

2. 约束处理方法

对于设计变量上下边界约束的处理较简单。每个个体演化完成后,检查其所包含的每个设计变量值是否超出其上下边界,如果超出,取其上下边界范围内的一随机浮点数取代原设计变量;否则,保持原设计变量值不变。

演化算法中常用的非线性约束处理方法主要有:拒绝策略,修复策略,演化算子改进策略,惩罚策略。在此选用惩罚策略进行非失效概率约束处理。惩罚策略的基本原理是在目标函数里增加一表示约束违反度的惩罚项,形成适应度函数,将约束优化问题转化为非约束优化问题。对于最小化问题(适应度值小的个体性能优良),如果设计变量不满足约束,则惩罚项为一正值,且约束违反度越大,惩罚项越大,个体的适应度值就越大,表明个体的性能越差,在新种群中被选中的概率就越小。

包含惩罚项的适应度函数为

$$\mathrm{eval}(X) = \mathrm{Mass}(X) + C \cdot g^2(X) \tag{3-67}$$

式中, $g(X)$ 的表达式为

$$g(X) = \begin{cases} 0; & [\mathrm{PNP}] - \mathrm{PNP}(X) \leqslant 0 \\ [\mathrm{PNP}] - \mathrm{PNP}(X); & [\mathrm{PNP}] - \mathrm{PNP}(X) > 0 \end{cases} \tag{3-68}$$

式(3-66)中, C 的取值取决于 $\mathrm{Mass}(X)$ 的数量级及[PNP]的值。一般情况下, 如果[PNP]=0.999,则 C 取 10^{11}; 如果[PNP]=0.999 9,则 C 取 10^{13}。

3.3.3   防护优化软件系统

为实现对空间碎片防护结构进行优化设计, 基于上述优化理论建模和优化算法研究成果, 在 MODAOST 软件包系统框架下, 开发了空间碎片防护优化软件系统。其总体框架结构如图 3-26 所示, 主要由集成框架平台、前后置处理系统和应用软件系统组成。

集成框架平台通过对 PATRAN 平台的应用开发为防护优化软件系统提供集成框架, 包括 PCL 函数库、数据库管理、执行控制和图形/数据接口程序四类系统模块; 前后置处理系统通过对 PATRAN 前后置功能的应用开发, 提供了航天器几何建模、表面有限单元划分、运行工况定义和环境模型选择、分析结果显示、防护设计方案造型等功能; 应用软件系统主要包括防护结构初步设计、防护优化建模、防护优化评估(失效数和失效概率评估)、优化算法库、防护优化求解器和防护优化软件 I/O 接口等, 实现了面向用户的防护结构设计优化应用功能。

3.3.4   防护优化设计应用算例

以国际空间站日本建造的压力舱(pressurized module, PM)为例, 进行防护结构优化设计。PM 舱是日本实验舱中的载人密封舱段之一, 为直径 4.4 m(舱体直径约为 4.2 m)、长 11.2 m 的圆柱舱段。为抵御微流星体/空间碎片的超高速撞击破坏, PM 舱体进行了防护设计, 且根据撞击风险不同, 在舱体的前侧和后侧分别采用了不同的防护结构类型, 但没有基于优化算法进行更细致的优化设计, 使得防护结构质量未得到最优分配。

PM 舱飞行方向垂直于圆柱面, 国际空间站为其分配的非失效概率指标 PNP = 0.981 4, 即要求其至少 533 年才能穿透一次。

采用以下四步进行航天器空间碎片防护优化设计: ① 航天器空间碎片撞击风险评估; ② 航天器空间碎片防护策略制定; ③ 航天器空间碎片典型防护结构初步设计; ④ 航天器空间碎片防护结构优化设计。

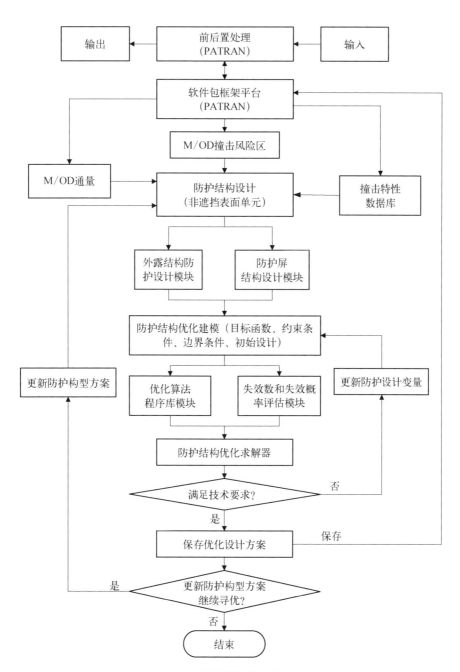

图 3 - 26　防护优化软件系统框架结构

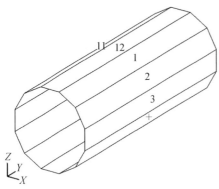

图 3 - 27　PM 舱表面结构单元
划分示意图

1. PM 舱空间碎片撞击风险评估

对 PM 舱分别单独采用单墙结构、Whipple 防护结构、填充式防护结构及其实际防护结构进行防护,并沿其圆周平行母线分成 12 等份,形成 12 个结构单元(如图 3 - 27 所示,第 3 号单元正对飞行方向),运用 MODAOST 软件包的撞击风险评估软件系统对每一结构单元及整个圆柱表面的穿透数和非穿透概率进行分析计算。撞击风险评估中所用空间碎片和微流星体环境模型分别为 ORDEM2000 及 NASA SSP - 30425,所用撞击极限方程为 Christiansen 开发的 Whipple 防护结构和填充式防护结构方程。

所采用的各防护结构参数如下。

(1) 单墙结构:材料 Al2219T87,壁厚 0.48 cm。

(2) Whipple 防护结构:缓冲屏材料 Al6061T6,厚 0.127 cm;后墙材料 Al2219T87,厚 0.48 cm;间距 11.42 cm。

(3) 填充式防护结构:铝合金缓冲屏面密度 0.345 g/cm^2;填充层总面密度 0.44 g/cm^2;后墙面密度 1.37 g/cm^2;最外层缓冲屏和后墙间距 11.42 cm。

(4) PM 舱实际防护结构:其设计方案见图 3 - 28,圆柱体表面正前侧 150° 范围内采用填充式防护结构,圆柱面其余部位采用 Whipple 防护结构;圆柱体两端面不暴露在外。具体防护结构参数见图 3 - 29,对于填充式防护结构,Al 网面密度为 0.012 g/cm^2,Nextel 面密度为 0.3 g/cm^2,Kevlar 面密度为 0.128 g/cm^2,填充层总面密度 0.44 g/cm^2。

PM 舱的空间碎片撞击风险评估结果见表 3 - 8,表中 NP 是穿透数,PNP 是非穿透概率。可见,除单墙结构外,其余几种防护结构都满足国际空间站为其分配的防护指标要求 PNP = 98.14%;而如果以其实际采用的防护结构达到的 PNP 值为标准,则 Whipple 防护结构未达到要求,填充式防护结构可满足要求。

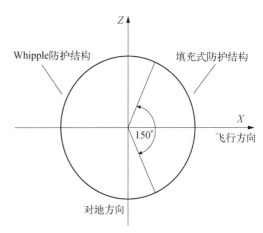

图 3 - 28　PM 舱实际防护方案

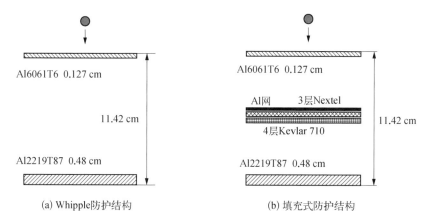

图 3-29 PM 舱防护结构参数

表 3-8 PM 舱整个圆柱表面穿透数及非穿透概率评估结果

防 护 方 案	NP/个	PNP
单墙结构	1.16	0.312 9
Whipple 防护结构	5.28E-3	0.994 7
填充式防护结构	5.20E-4	0.999 5
实际防护结构	8.18E-4	0.999 2

2. 撞击风险区分析及防护策略制定

根据航天器的撞击风险评估结果,可将航天器表面划分为 4 个风险等级,分别对应不同的防护等级及防护策略,如表 3-9 所示。

表 3-9 航天器撞击风险等级及对应的防护等级和防护策略

风 险 等 级	防 护 等 级	防 护 策 略
I	一级	需要增强型防护结构
II	二级	仅需 Whipple 防护结构
III	三级	通过增强舱体壁厚即可满足防护要求
IV	四级	基本为安全区,不需考虑防护问题

进行 PM 舱防护优化时,为了达到与其实际防护结构相同的防护能力,限定非失效概率指标[PNP] = 0.999 2,即穿透数 NP = 8.003 2E-4,每一个防护结构单元

的平均穿透数 NP = 6.669 3E-5。根据 PM 舱圆柱表面各结构单元的穿透数评估结果,采用单墙结构时,各结构单元的穿透数都超过平均穿透数,因此所有结构单元均需增设防护结构予以防护,即应采取一级或二级防护;采用 Whipple 防护结构时,1~5 号结构单元的穿透数大于平均值,划为 Ⅰ 级风险区,采用填充式防护结构进行一级防护;6~12 号结构单元的穿透数小于或接近平均值,划为 Ⅱ 级风险区,采用 Whipple 防护结构进行二级防护。

3. PM 舱防护结构优化设计

根据上面制定的 PM 舱防护策略,设计以下 3 种优化方案,分别运用 MODAOST 软件包的防护结构设计优化软件系统对 PM 舱的防护结构进行质量最小化优化设计。各优化方案中所用防护材料与 PM 舱的实际防护结构相同,并考虑工程实用性,各防护结构单元的后墙厚度及总间距分别取同一数值。

(1) 各防护结构单元的后墙厚度取 $t_w = 0.48$ cm,总间距取 $S = 11.42$ cm,填充式防护结构及 Whipple 防护结构分别采用同一缓冲屏参数,仅对这两个参数进行优化。

(2) 各防护结构单元的后墙厚度取 $t_w = 0.48$ cm,总间距取 $S = 11.42$ cm,优化各防护结构单元的缓冲屏参数,Whipple 防护结构单元的设计变量为缓冲屏厚度,填充式防护结构单元的设计变量为缓冲屏总面密度,共 12 个设计变量。

(3) 仅固定防护结构间距,取 11.42 cm;假设舱体厚度(即后墙厚度)在满足力学要求的条件下可在一定范围内变动,作为一个设计变量;将 12 个结构单元的缓冲屏厚度或总面密度各作为一个设计变量,共有 13 个设计变量。

对设计变量变化范围进行限定:铝合金缓冲屏厚度 0.1~0.3 cm,即面密度 0.271 3~0.813 9 g/cm^2;Al 网面密度 0.012 g/cm^2;Nextel 1~6 层,即面密度 0.1~0.6 g/cm^2;Kevlar 1~6 层,即面密度 0.032~0.192 g/cm^2;后墙厚度 0.2~0.7 cm。同时限定防护结构应提供的最小非失效概率等同于 PM 舱实际防护结构提供的 PNP,其值为 0.999 2。

3 种优化方案的最优设计结果见表 3-10,表中列出了各防护结构参数的最优取值、最小防护结构质量及其与实际防护结构相比所节省的质量、最优防护方案提供的 PNP 值、优化过程所进行的风险评估次数及优化时间。

表 3-10　PM 舱各防护优化方案下的最优设计结果

结构单元号	实际设计方案			优化方案 1			优化方案 2			优化方案 3		
	t_w	m_b	t_b	t_w	m_b	t_b	t_w	m_b	t_b	t_w	m_b	t_b
1	0.48	0.785	—	0.48	0.415	—	0.48	0.415	—	0.428	0.415	—
2	0.48	0.785	—	0.48	0.415	—	0.48	0.415	—	0.428	0.415	—

续　表

结构单元号	实际设计方案			优化方案 1			优化方案 2			优化方案 3		
	t_w	m_b	t_b	t_w	m_b	t_b	t_w	m_b	t_b	t_w	m_b	t_b
3	0.48	0.785	–	0.48	0.415	–	0.48	0.415	–	0.428	0.415	–
4	0.48	0.785	–	0.48	0.415	–	0.48	0.415	–	0.428	0.415	–
5	0.48	0.785	–	0.48	0.415	–	0.48	0.415	–	0.428	0.415	–
6	0.48	–		0.48			0.48			0.428		
7	0.48	–	0.127	0.48	–	0.134	0.48	–	0.100	0.428	–	0.100
8	0.48	–	0.127	0.48	–	0.134	0.48	–	0.100	0.428	–	0.100
9	0.48	–	0.127	0.48	–	0.134	0.48	–	0.100	0.428	–	0.126
10	0.48	–	0.127	0.48	–	0.134	0.48	–	0.100	0.428	–	0.161
11	0.48	–	0.127	0.48	–	0.134	0.48	–	0.113	0.428	–	0.161
12	0.48	–	0.127	0.48	–	0.134	0.48	–	0.164	0.428	–	0.161
后墙质量	2 019.78			2 019.78			2 019.78			1 800.77		
缓冲屏质量	779.40			568.48			514.60			579.34		
总质量	2 799.18			2 588.26			2 534.38			2 380.11		
PNP 值	0.999 2			0.999 2			0.999 2			0.999 2		
质量节省	–			210.92			264.8			419.07		

说明:厚度单位为 cm;面密度单位为 g/cm^2;质量单位为 kg。

由表 3 - 10 可见,与实际防护方案相比,各最优防护方案都使防护结构质量得到了显著降低。最优防护方案 2 与方案 1 的比较表明,将航天器表面划分不同结构单元,对各结构单元的防护结构参数进行优化设计,会使防护结构质量得到一定程度地缩减。最优防护方案 3 与方案 2 的比较结果表明,如果同时对防护结构后墙厚度(即舱体壁厚)及缓冲屏参数进行优化,则会使防护结构质量得到大幅缩减,因此进行航天器密封舱体结构设计时,应及早考虑空间碎片防护设计问题,同时按照力学要求和空间碎片防护要求进行舱体壁厚优化设计。

与各最优防护方案相比,PM 舱实际防护方案中填充式防护结构的缓冲屏面密度取值过大,各 Whipple 防护结构单元的缓冲屏厚度未按各单元穿透数大小进行合理配置,使防护屏质量未得到充分利用。如果 PM 舱的力学条件要求后墙厚度不低于 0.48 cm,则可以采用第二种优化方案,如果允许后墙厚度可降到 0.428 cm 以下,则可以采用第三种优化方案。

参考文献

[1] Christiansen E L. Meteoroid/Debris Shielding[R]. TP－2003－210788. Houston: NASA Johnson Space Center, 2003.

[2] 侯建,韩增尧,曲广吉.航天器空间碎片防护结构设计技术的研究进展[J].航天器工程, 2005,14(2): 75－82.

[3] 袁俊刚.航天器空间碎片防护结构设计与优化技术研究[D].北京:中国空间技术研究院,2007.

[4] Christiansen E L. Design and Performance Equations for Advanced Meteoroid and Debris Shields[J]. International Journal of Impact Engineering, 1993,14: 145－156.

[5] Destefanis R, Schafer F. Enhanced Space Debris Shields for Manned Spacecraft [J]. International Journal of Impact Engineering, 2003, 29: 215－226.

[6] Christiansen E L, Crews J L. Enhanced Meteoroid and Orbital Debris Shielding [J]. International Journal of Impact Engineering, 1995, 17: 217－228.

[7] Christiansen E L, Kerr J H. Mesh Double-bumper: a Low-weight Alternative for Spacecraft Meteoroid and Orbital Debris Protection[J]. International Journal of Impact Engineering, 1993, 14: 169－180.

[8] 韩增尧.空间碎片被动防护技术研究的最新动向[J].航天器工程,2005,14(2): 8－14.

[9] Ioilev A G, Bashurov V V, Belov G V, et al. Multi-Layered Shielding Against Hypervelocity Space Debris: Conceptual Study of Implementation of a High-Porous Material Layer[J]. International Journal of Impact Engineering, 2003, 29: 357－367.

[10] Tanaka M, Moritaka Y, Akahoshi Y, et al. Development of a Lightweight Space Debris Shield Using High Strength Fibers[J]. International Journal of Impact Engineering, 2001, 26: 761－772.

[11] Cour-Palais B G, Crews J L. A Multi-shock Concept for Spacecraft Shieding[J]. International Journal of Impact Engineering, 1990, 10: 135－146.

[12] Christiansen E L, Kerr J H, Delafjente H M. Flexible and Deployable Meteoroid/Debris Shielding for Spacecraft[J]. International Journal of Impact Engineering, 2001, 23: 125－136.

[13] Akahoshi Y, Nakamura R, Tanaka M. Development of Bumper Shield Using Low Density Materials[J]. International Journal of Impact Engineering, 2001, 26: 13－19.

[14] 周昊.波纹夹层防护结构超高速撞击特性研究[D].南京:南京理工大学,2016.

[15] 秦学军,张德志,钟方平,等.两种泡沫铝防护结构在空间碎片防护中的应用研究[R].成都:第十四届中国空气动力学物理气体动力学学术交流会,2009.

[16] 李锋.基于泡沫金属材料的新型填充式防护结构撞击特性研究[D].哈尔滨:哈尔滨工业大学,2009.

[17] 祖士明.玄武岩及 Kevlar 纤维填充式防护结构超高速撞击性能研究[D].哈尔滨:哈尔滨工业大学,2013.

[18] 曹昱.充气展开防护屏空间碎片撞击防护性能分析[D].哈尔滨：哈尔滨工业大学,2009.

[19] 廖祥.空间环境对混合多屏防护结构性能影响研究[D].哈尔滨：哈尔滨工业大学,2015.

[20] 丁平,杨健.多层冲击防护结构设计与优化方法研究[J].科技信息,2010,30：25 - 27.

[21] 王洋.玄武岩纤维布/铝丝网优化组合空间碎片防护结构研究[D].哈尔滨：哈尔滨工业大学,2012.

[22] 张彦权.编织布多冲击防护结构高速撞击损伤机理及防护性能分析[D].哈尔滨：哈尔滨工业大学,2017.

[23] 苗常青,杜明俊,黄磊,等.空间碎片柔性防护结构超高速撞击试验研究[J].载人航天,2017,2：173 - 176.

[24] 黄雪刚,黄洁,文雪忠,等.TiB2 基陶瓷复合材料超高速撞击损伤行为研究[J].稀有金属材料与工程,2017,10：3081 - 3090.

[25] 毕强.陶瓷化铝板防护结构超高速撞击损伤特性研究[D].哈尔滨：哈尔滨工业大学,2011.

[26] 苗常青,王华吉,曹昱,等.铝-碳纤维复合材料复合防护屏设计与实验研究[J].实验力学,2010,25(2)：113 - 119.

[27] 王应德,苟海涛,韩成.陶瓷织物及其空间碎片防护结构的超高速撞击特性研究[R].武汉：第十一届全国工程陶瓷学术年会,2013.

[28] Schonberg W P. Characterizing Secondary Debris Impact Ejecta[R]. NASA/CR - 1999 - 209561, 1999.

[29] Elfer N C. Structural Damage Prediction and Analysis for Hypervelocity Impacts: Handbook[R]. NASA - CR - 4706, 1996.

[30] Piekutowsi A J. Formation and Description of Debris Clouds Produced by Hypervelocity Impact[R]. NASA - CR - 4707, 1982.

[31] Swift H F, Bamford R, Chen R. Designing Dual-Plate Meteoroid Shields: A New Analysis[R]. NASA - CR - 169143, 1982.

[32] Hayashida K B, Robinson J H. Single Wall Penetration Equations[R]. NASA TM - 103565, 1992.

[33] Christiansen E L. Ballistic Limit Equations for Spacecraft Shielding[J]. International Journal of Impact Engineering, 2001, 26: 93 - 104.

[34] Reimerdes H, Stecher K, Lambert M. Ballistic Limit Equations for the Columbus Double Bumper Shield Concept[R]. Darmstadt: Proceedings of the First European Conference on Space Debris, 1993.

[35] Angel Y C, Smith J P. Critical Response of Shielded Plates Subjected to Hypervelocity Impact[J]. International Journal of Impact Engineering, 1993, 14(1 - 4): 25 - 35.

[36] Gault D E, Moore H J. Scaling Relationships for Microscale to Megascale Impact Craters[R]. NASA - TM - X - 54996, 1985.

[37] 丁莉.空间碎片双层板防护结构撞击极限研究[D].哈尔滨：哈尔滨工业大学,2008.

[38] 贾古赛.玄武岩布防护机理及其填充防护结构撞击极限分析[D].哈尔滨：哈尔滨工业大学,2014.

[39] 姚光乐,郑世贵,闫军,等.填充式防护结构弹道极限方程形式建模[J].空间碎片研究,2017,1：30 - 34.

［40］ 郑建东. 新型高精度弹道极限方程研究［D］. 北京：中国空间技术研究院，2011.

［41］ 谈庆明. 量纲分析［M］. 合肥：中国科学技术大学出版社，2005.

［42］ 贾光辉，姚光乐，张帅. 填充式防护结构弹道极限方程的差异演化优化［J］. 北京航空航天大学学报，2018，44(7)：1489－1495.

［43］ 袁俊刚，曲广吉，孙志国，等. 空间碎片防护结构设计优化理论方法研究［J］. 宇航学报，2007，2：243－248.

第 4 章
航天器系统及部组件易损性分析

随着人类航天活动的不断增加,航天器在轨遭受空间碎片撞击引起的故障时有发生,但撞击和击穿事件并不一定代表系统失效,为提高风险评估精度,在传统评估方式只采用撞击击穿作为评估失效模式的基础上,提出了采用易损性方法开展空间碎片撞击风险评估,通过系统考虑空间碎片撞击后航天器多类失效模式,持续开展部组件遭遇空间碎片撞击后效应研究,不断建立和完善电子设备、太阳电池翼等典型部组件易损性分析模型。另外,针对载人航天任务,逐步发展了考虑密封舱穿孔后引起航天员伤亡的多类失效模式。相应地,研究人员逐步建立了以非灾难性失效概率为评估指标的航天器系统级易损性评估体系。

本章重点对航天器系统级易损性分析方法、部组件易损性分析及相关实验、航天员易损性分析等相应技术以及国内外易损性评估系统进行介绍。

4.1 易 损 性 定 义

航天器易损性分析是从飞机生存力评估发展而来。早在 20 世纪 60 年代,美国就开展了在常规武器威胁下提高飞机生存力的系统性研究,并于 1971 年组织成立了飞机生存力综合协调组(The Joint Technology Coordinating Group/Aircraft Survivability, JTCG/AS),负责组织开展大规模飞机生存力设计技术研究。经过多年努力,飞机生存力研究已形成较为完整的理论及应用体系。1989 年,美国生存力研究专家 Robert E. Ball 教授在美国航天航空学会牵头成立了生存力技术委员会,到目前为止,生存力增强设计/易损性减缩设计已经成为美国军用飞机的一项基本设计准则[1,2]。

在军事应用领域,对易损性的定义通常有两重含义:从广义或"损耗"意义讲,易损性指某种装备对破坏的敏感性,其中包括如何避免被威胁击中等方面的考虑。从狭义或"终点弹道意义"讲,易损性指某种装备被一种或多种杀伤源击中后对破坏的敏感程度。

在本书中,航天器系统级易损性是指广义易损性,即航天器遭遇空间碎片撞击后系统失效或功能降阶的可能性,通常用航天器失效或降阶概率表征。与航天器系统易损性相对应的为系统生存力,即航天器部件或系统躲避和遭遇空间碎片撞击后继续执行任务的能力,可用其在空间碎片环境中不发生功能降阶或失效的概率进行表征。功能降阶和失效均需要设计者给定不同的降阶等级或失效阈值,从易损性分析的角度完全相同,因此后文均采用失效概率统一进行描述。

航天器系统不发生失效的概率 P_s 表征为

$$P_s = 1 - P_v \tag{4-1}$$

其中,P_v 代表系统失效概率。

航天器系统级生存力取决于航天器对空间碎片撞击的敏感性和易损性,此处易损性为狭义易损性,即航天器部组件遭遇空间碎片撞击后,部组件本身及其引起分系统、系统失去部分或全部功能的可能性,可用其遭受确定性撞击时发生不同模式功能降阶或失效的概率 $P_{v/h}$ 表征。敏感性是指航天器遭受空间碎片撞击的可能性,可用撞击概率 P_h 表征。

则航天器系统级生存力为

$$P_s = 1 - P_v = 1 - P_h \times P_{v/h} \tag{4-2}$$

航天器部组件易损性为"狭义"易损性,代表部组件遭遇空间碎片撞击后,功能降级或失效的可能性。

空间碎片撞击作用下,航天器易损性评估对象经历了从载人航天器到一般类卫星延伸,评估方法从只考虑密封舱结构穿孔单一失效模式到系统考虑多类失效模式拓展,评估指标从非击穿概率向非灾难性失效概率发展。

早期空间碎片撞击作用下载人航天器任务易损性评估,只考虑密封舱结构穿孔失效模式,认为载人航天器密封舱段被空间碎片击穿将直接导致航天器失效或航天员伤亡,简单采用密封舱结构非击穿概率(probability of no penetration,PNP)作为系统非失效概率(probability of no failure,PNF)评估指标[3,4]。然而,对于国际空间站等超大型载人航天器,均由多个可相互隔离、独立的密封舱段模块在轨组装建造而成,舱段间由相互独立的舱门连接,即使某一密封舱结构被碎片击穿,并不一定会导致航天器失效或航天员的伤亡,航天器失效与系统冗余备份设计、舱体击穿效应、设备失效模式以及航天员紧急逃生措施的实施等因素相关,因此采用 PNP 评估方法在一定程度上会导致防护的"过设计"。

为此,发展了采用非灾难性失效概率(probability of no catastrophic failure,PNCF)对空间碎片环境下航天器灾难性失效进行定量评估,其表达式如式(4-3)、式(4-4)所示[3]。

$$PNCF = PNP^{R} \tag{4-3}$$

$$PNCF = (1 - PP)^{R} \tag{4-4}$$

$PP = 1 - PNP$ 表示击穿概率(probability of penetration,PP),R 代表航天器某一类失效模式的评估因子,反映航天器失效概率在其击穿概率中所占比例,取值范围 0~1,0 代表该类失效模式下所有穿孔事件均未引起航天器失效,1 代表所有穿孔均导致航天器失效。灾难性失效概率 PCF 即为系统易损性,表示为 PCF = 1 - PNCF。由 NASA 开发的载人航天器人员生存能力评估系统(manned spacecraft crew survivability computer code,MSCSurv),考虑了"关键设备失效""气体泄漏造成的姿态失控""气体泄漏造成的航天员缺氧""航天员致命损伤"及"关键舱段失压导致的人员无法逃逸"等密封舱击穿后多种失效模式,并成功应用于国际空间站、航天飞机等多次任务中的载人航天器失效和航天员伤亡概率评估。

近年来,由于空间碎片撞击导致一般类航天器在轨故障、失效的案例时有发生,且随着空间活动的增多,空间碎片撞击事件也变得越来越频繁,如 1993 年奥林匹斯(Olympus)卫星受碎片撞击导致供电失效进而引起姿态失控、2013 年飞马座(Pegasus)卫星被空间碎片击中发生姿态翻滚[4];此类撞击事件虽未导致航天器发生灾难性失效,但同样对航天器在轨工作性能造成了影响。针对航天器易损性评估也越来越受到重视,如欧空局通过撞击实验建立了多类航天器舱内外功能组件易损性模型,并根据组件功能失效与系统功能失效的逻辑关系,相继开发了 ESABASE/DEBRIS、PIRAT(particle impact risk and vulnerability assessment tool)等易损性评估工具,目前已成功应用于多类航天器的易损性评估。

航天器易损性的研究方法包括撞击实验和系统评估两大类,撞击实验包括模拟实验、地面实物实验,目的是直接获取目标易损性数据,但地面撞击实验费用高昂、设计周期长且很难真实模拟在轨撞击;而系统评估则是基于部组件、单机或等效实验件的实验数据进行理论分析、综合计算并借助在轨失效数据统计、专家评估等手段开展,相对快速简单。

系统评估方法不仅可利用已有实验数据对地面实验无法达到的超高速撞击进行外推仿真模拟,而且具有快速简单完成任务评估、资源消耗小的优势,目前已成为航天任务风险评估的有效手段。

4.2　航天器系统级易损性分析

航天器一般由结构和机构、热控、供配电、姿态和轨道控制、推进、测控、综合电子分系统及有效载荷组成,如图4-1所示。对于载人航天器,还包括环境控制与生命保障、仪表照明、着陆返回、应急逃生等分系统。

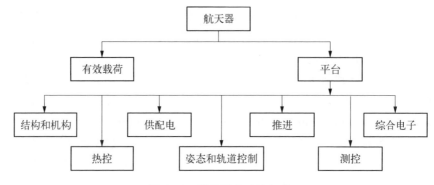

图4-1　航天器分系统组成

各分系统的功能如下:

(1)结构和机构分系统,支撑和固定航天器上各仪器设备,传递和承受各飞行阶段的载荷,主要包括航天器结构、总装直属件和机构产品;

(2)热控分系统,控制航天器内外热交换,主动或被动调节设备工作温度;

(3)供配电分系统,产生、存储和传输电能,并管理航天器供配电、信号转接、火工装置以及设备间的电连接;

(4)姿态和轨道控制分系统,航天器姿态测量、姿态稳定和机动以及变轨控制,包括姿态测量敏感器、姿态控制器、姿态控制执行机构等;

(5)推进分系统,提供航天器姿态和轨道控制需要的动力;

(6)测控分系统,采集航天器工作参数,实时或延时发送测控站,接收地面遥控指令,直接或经综合电子分系统传送到航天器有关设备;

(7)综合电子分系统,存储、采集和处理航天器数据,以及协调控制航天器各分系统工作;

(8)有效载荷,根据任务类型不同,包括载人、通信、导航、遥感、空间科学及技术试验等。

航天器系统级易损性分析,是获取系统或部组件在空间碎片撞击下,发生功能降阶或失效的概率。基于空间碎片环境工程模型、航天器姿态与轨道运动模型、航天器几何模型、部组件失效准则,在完成部组件易损性评估分析基础上,根据部组件与系统之间的功能组成逻辑关系,采用故障模式及影响分析方法(failure mode and effect analysis,FMEA)和故障树分析方法(fault tree analysis,FTA)分析得到航天器系统级功能降阶或失效概率,如图4-2所示。

故障模式及影响分析(FMEA)方法用来分析和明确航天器不同分系统、部组

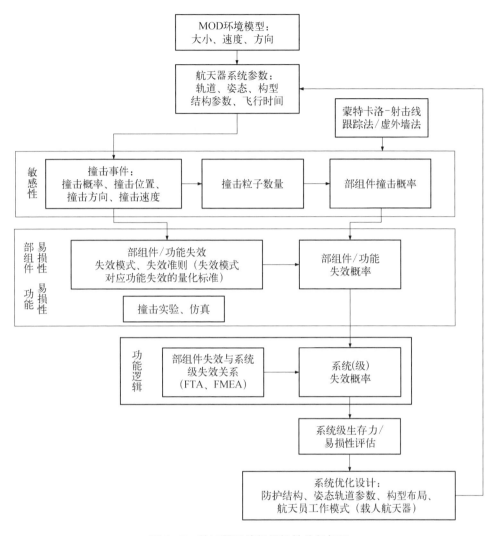

图 4-2　航天器系统级易损性分析框图

件在空间碎片撞击下的失效模式与航天器系统级任务之间的关系,需分别对部组件、分系统和航天器系统进行 FMEA,并建立三者之间的逻辑迭代关系,从而形成完整的故障及故障影响链;在此基础上,根据 FTA 中底事件描述,并结合碎片撞击部位、损伤程度和失效模式找到其在 FMEA 中定位,进而分析得到碎片撞击对航天器系统的影响。

　　FTA 方法以系统最不希望出现的故障状态作为分析目标(顶事件,位于失效树的顶端),通过对可能造成系统故障的各种因素进行分析,自上而下逐层细化,找出能导致这一故障发生的全部因素(中间事件和底事件),将系统的故障与中间事件和底事件之间的逻辑关系用逻辑门符号联结起来,形成树形图,以表示系统与产生原因之间的关系,同时利用布尔运算和概率论方法计算系统出现故障的概率。

采用 FTA 方法进行系统级定量评估,需建立在以下两个前提之上:

(1)所有的底事件(部组件失效)相互独立,即部组件失效之间具有独立性;

(2)底事件(部组件失效)的概率已知。

故障树建立和分析可参照相关文献执行,在获取导致顶事件发生的所有底事件最小割集且底事件故障率已知情况下,则顶事件(系统级失效事件)描述为

$$Y = \bigcup_{k=1}^{r} C_k = \bigcup_{k=1}^{r} \bigcap_{i=1}^{n} X_i \qquad (4-5)$$

式中,C_k 代表最小割集,$k = 1,2,3 \cdots r$;r 表示最小割集数量,X_i 代表底事件;$i = 1,2,3 \cdots n$,n 代表第 k 个最小割集内底事件数量。

则航天器系统级失效概率表示为

$$P_{K/H} = 1 - \sum_{k=1}^{r} \prod_{i=1}^{n} P_{k/h_i} \qquad (4-6)$$

式中,$P_{K/H}$ 代表航天器系统级失效概率,即系统级易损性;P_{k/h_i} 代表第 k 个割集内,第 i 个部组件的失效概率。

同样,航天器系统级失效概率也可以表述为

$$P_{K/H} = 1 - \prod_{i=1}^{n} (1 - P_{hp_i} P_{pk_i}) \qquad (4-7)$$

式中,P_{hp_i} 代表航天器第 i 个部组件的物理破坏概率;P_{pk_i} 代表第 i 个部组件的功能失效概率[5]。

航天器系统级的生存概率表示为 $P_s = 1 - P_{K/H}$。

4.3　部组件易损性分析

空间碎片对航天器的撞击呈现出多种复杂的物理和力学现象。一般亚毫米级空间碎片撞击即可在舱体表面形成撞击坑,对舱体表面的材料、舱外设备部件形成损伤;随着撞击能量的增大,会使得舱体结构发生层裂、崩落、舱体穿孔、二次撞击或进入航天器内部甚至发生解体[6,7]。

对于功能类组件设备,空间碎片超高速撞击会导致设备级、分系统级功能降级、损伤或航天器解体,直接影响航天器在轨安全性和生存力,不同部组件的撞击效应及影响如表 4-1 所示。

表 4-1　空间碎片对不同部组件撞击效应及影响(后附彩图)

部组件类型	撞击效应	图示	影响
太阳电池阵	光学特性变化、物理损伤(栅格损伤),串联电阻增大或半导体 PN 结损伤,并联电阻减小,等离子体引发电弧放电,引起电池片瞬时放电、短时放电、持续放电,电弧热量碳化绝缘层,产生永久短路、通路		整翼或局部放电、供电功能降级、失效
舱外光学敏感器、航天器舱体表面的热控涂层	毫米级及以上撞击引起部组件结构损伤、功能降级,毫米级以下碎片撞击产生成坑、沙蚀或"磨砂"效应	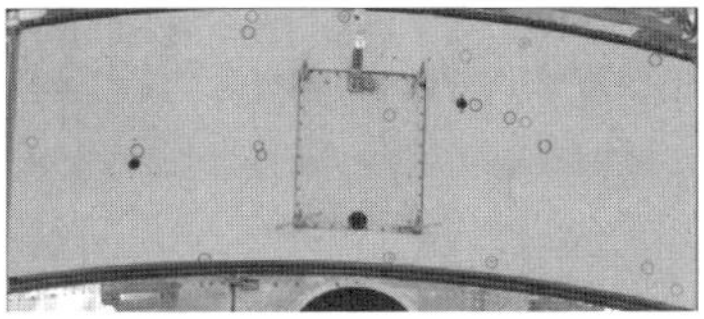	系统功能衰退和寿命减短
电池模块	电池温升、燃烧、破裂、破碎解体		储能、供电功能降级失效
推进气瓶、贮箱等压力容器	成坑、穿孔、爆炸	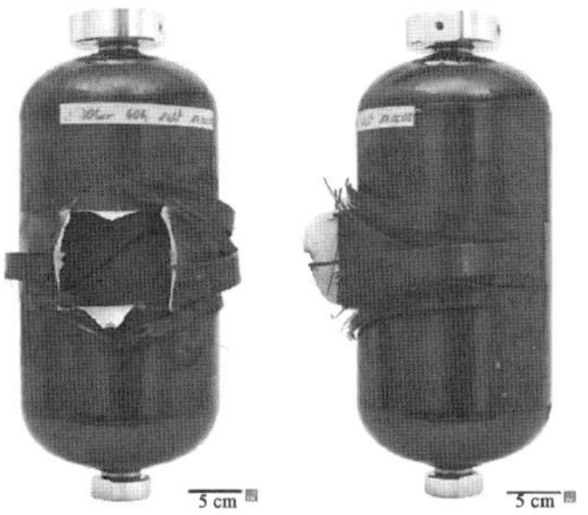	工质泄漏,舱体解体

部组件类型	撞击效应	图　示	影　响
流体管路	管体破裂、管路堵塞		推进剂泄漏,姿态与轨道控制功能降级
功率和数据电缆	电缆外皮成坑、剥离,导线切断,引起短路或断路;传输信号呈现不同程度失真、衰减或错误		配电功能降级、失效;信息采集、传输、处理功能降级失效
电子类设备	供电电压消失、瞬时断路引起的短时或永久失效		系统故障、失效

4.3.1　航天器部组件易损性分析方法

航天器部组件作为组成航天器的基本单元,其功能各不相同,损伤和失效种类也不同,因此存在不同的功能降阶或失效模式及对应的失效准则。部组件易损性分析的主要工作即是得到在空间碎片撞击下,部组件不同降阶模式或失效模式下的概率,每一种模式对应着一种失效准则,失效准则是衡量部组件是否发生功能降阶或者失效的量化标准。建立不同部组件的易损性分析模型,其关键是确定空间碎片撞击作用下,不同部组件的失效机理、失效模式和失效准则。

失效准则是部组件和空间碎片撞击源基本撞击参数的函数,是判断部组件是否失效的判据,只有确定了失效准则,才能定量地分析和计算部组件在撞击源作用下的失效概率。

部组件的失效由物理破坏和功能失效确定,失效概率表示为

$$P_{k/h} = P_{h/p} P_{p/k} \qquad (4-8)$$

其中,$P_{h/p}$ 代表给定撞击下失效概率,用于描述部组件的物理破坏可能性;$P_{p/k}$ 代表给定物理破坏下的功能失效概率,用于描述部组件的功能衰减。$P_{p/k}$ 的确定,通常需要大量模拟试验、实物试验或大量在轨撞击失效事件统计获取。

航天器部组件失效准则,是将部组件物理破坏与功能失效之间的关系利用函数的方式表现出来。从理论讲,部组件在受到空间碎片撞击作用下引起功能失效为一个具有随机特征的事件,概率 $P_{p/k}$ 服从某一个分布函数,一般可以通过部组件原型实验建立,典型的如 Rayleigh 或 Weibull$(2, \beta)$ 分布:

$$P_{p/k} = 1 - e^{-\left(\frac{y}{\beta}\right)^2} \qquad (4-9)$$

式中,y 是部组件物理破坏特征度(如穿孔孔径、裂纹长度);β 代表与中值相关的比例因子;$\beta = y_{50}/\sqrt{\ln 2}$,$y_{50}$ 代表标准情况下 $(y = y_{50})$ 失效概率为 0.5 时的临界物理破坏特征度,将 $\beta = y_{50}/\sqrt{\ln 2}$ 代入上式,则有

$$P_{p/k} = 1 - e^{-\left(\frac{y}{y_{50}}\right)^2 \ln 2} \qquad (4-10)$$

由弹丸终点效应得知,部组件的物理破坏也是随机事件,其物理破坏与撞击弹丸特征度之间的关系服从某一分布,典型如:

$$P_{h/p}(y) = \frac{x/x_{50}}{x/x_{50} + e^{-\zeta(x/x_{50}-1)}} \qquad (4-11)$$

式中,$P_{h/p}(y)$ 代表部组件物理破坏特征度为 y 时的概率;x 是撞击弹丸特征度(如空间碎片的直径、撞击速度、动量、动能等);x_{50} 是物理破坏概率为 0.5 时的撞击弹丸特征度(预估临界值);ζ 用以确定相对 x_{50} 的偏差,表征部组件的受损程度,可以选取一组物理量来表征部件的受损程度,并建立相互关系:

$$\zeta = \varphi_c(\boldsymbol{\eta}) \qquad (4-12)$$

式中,$\boldsymbol{\eta}$ 代表作用在部组件上撞击弹丸的特征矢量;$\boldsymbol{\zeta}$ 代表部组件的受损程度矢

量;φ_c 代表了两者之间的关系[8]。

4.3.2　部组件易损性分析技术

工程中通常使用侵彻毁伤/失效准则、撞击毁伤/失效准则来表征撞击弹丸撞击、击穿对部组件的毁伤程度。

1. 基于撞击极限方程的部组件易损性分析

基于撞击极限方程的部组件易损性分析,采用撞击极限方程临界穿孔直径作为部组件失效的临界损伤/失效直径,等效铝板穿孔即表征部组件的失效。

部组件失效概率表示为

$$P_{k/h} = \begin{cases} 1, & \text{M/OD 直径} \geq \text{临界穿孔直径 } d_c \\ 0, & \text{M/OD 直径} < \text{临界穿孔直径 } d_c \end{cases} \quad (4-13)$$

另外,也可以采用实际穿孔面积与引起设备失效的临界穿孔面积的比值来表征失效概率,如下所示:

$$P_{k/h} = \begin{cases} 0, & s_p = 0 \\ \dfrac{s_p}{s_{p*}}, & 0 < s_p < s_{p*} \\ 1, & s_p \geq s_{p*} \end{cases} \quad (4-14)$$

其中,s_p 代表由空间碎片撞击引起的所有穿孔总面积;s_{p*} 代表引起设备失效临界穿孔面积。

1) 舱外部组件临界穿透失效直径计算

舱外部组件如舱外太阳电池翼、抛物面天线、舱体结构薄壁类等设备,直接暴露在空间碎片环境中,一般存在遮挡关系的部位较少;此类设备可只考虑一次撞击,不考虑撞击形成的碎片云对其他部组件的影响。

一般采用单层板模型等效描述,常用改进的 Cour‑Palsis 撞击极限方程临界穿孔直径作为部组件失效的临界损伤/失效直径,等效铝板穿孔即表征部组件的失效。

$$d_c = \left\{ \frac{t_s}{k} \frac{HB^{0.25} (\rho_s/\rho_P)^{0.5}}{5.24[V\cos(\alpha)/C]^{2/3}} \right\}^{18/19} \quad (4-15)$$

其中,HB 代表靶板材料的布氏硬度;t_s 代表靶板厚度,cm;ρ_P 代表弹丸密度,ρ_s 代表靶板密度,单位 g/cm³;C 代表弹丸垂直撞击靶板声速;d_c 代表结构板穿孔临界直径;α 代表撞击角度;v 代表撞击速度,单位 km/s;k 代表特征因子,取 1.8,对应单层板结构穿孔失效[9,10]。

　　针对单次评估任务,通常将舱外设备统一简化为某一厚度的铝板,舱内设备机壳设置为某一固定厚度的铝板。

　　对于舱体防护结构及对其他设备存在遮挡作用的部组件设备,一般采用 Whipple 双层板撞击极限方程的临界穿孔直径表征设备的临界失效直径。

　　2) 舱内部组件临界损伤/失效粒子直径

　　受限于目前的实验数据,国内外学者针对舱内的部组件失效分析建立了等效铝板失效准则和 SRL(Schafer - Ryan - Lambert)撞击极限方程,通过将舱内组件等效铝板作为 3 层板结构的最后一层,开展碎片进入到舱内对部组件的撞击失效评估,如图 4 - 3 所示。针对电子箱、电池、热管、电缆、压力容器和贮箱等六种部组件,提供了等效铝板厚度计算方法。

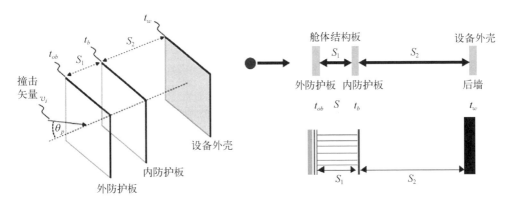

图 4 - 3　SRL 撞击极限方程几何构型

　　SRL 三层板撞击极限方程,第 1 层和第 2 层板分别代表蜂窝结构的两层面板,第三层板代表设备的机壳盖板;按照速度分布,SRL 方程分为 3 个区域。

　　低速区 $(v_n \leqslant v_{t1}\cos\theta)$,无碎片破碎发生,引入 α 因子对设备壳体厚度 t_w 进行修正,引入多层隔热组件的厚度系数对其防护性能进行修正:

$$d_c(v) = \left[\frac{t_w^{\alpha} + t_b \left(\dfrac{\sigma_{y,ksi}}{40} \right) + t_{ob} + K_{MLI}t_{eq,MLI}}{0.6(\cos\theta)^{\delta}\rho_P^{1/2}v^{2/3}} \right]^{18/19} \quad (4-16)$$

其中, d_c 代表设备外壳的临界穿孔直径; t_w 代表设备外壳厚度; t_b 代表蜂窝结构的内层面板(内防护板)厚度; t_{ob} 代表外层面板(外防护板)厚度; θ 代表碎片入射角度; v 代表碎片撞击速度; $t_{eq,MLI} = \dfrac{\rho_{AD,MLI}}{\rho_{ob}}$ 代表多层隔热组件等效铝厚度; $\rho_{AD,MLI}$ 代表多层隔热组件面密度。

高速区（$v_n \geqslant v_{t2}\cos\theta$），后墙（设备盖板）的临界穿孔直径为

$$d_c(v) = \frac{1.155\left[S_1^{1/3}(t_b + K_{tw}t_w)^{2/3} + K_{S2}S_2^{\beta}t_w^{\gamma}(\cos\theta)^{-\varepsilon}\left(\dfrac{\sigma_{y,ksi}}{70}\right)^{1/3}\right]}{K_{3D}^{2/3}\rho_P^{1/3}\rho_{ob}^{1/9}v^{2/3}(\cos\theta)^{\delta}}$$

$$(4-17)$$

其中，S_1 代表蜂窝板结构厚度；$t_b + K_{tw}t_w$ 代表设备外壳与内防护板的等效厚度；S_2 代表第二层板与第三层板之间距离；ρ_{ob} 代表外防护板材料密度；$v_{t1n} = v_{t1}\cos\theta$ 代表弹道区与破碎区临界速度；$v_{t2n} = v_{t2}\cos\theta$ 代表破碎区与气化区临界速度；$\sigma_{y,ksi}$ 代表设备外壳材料屈服极限。

K_{tw}、K_{S2}、K_{3D}、K_{MLI}、K_{3S} 代表针对不同参数的等效系数，β、γ、ε 和 δ 代表 SRL 撞击极限方程拟合参数，通过实验数据拟合得到。

当三层防护结构为铝结构、蜂窝夹层、航天器铝防护结构或多层防护结构+铝、蜂窝夹层、航天器多层防护+铝防护结构时，$v_{t1} = 3\,\mathrm{km/s}$；$v_{t2} = 7\,\mathrm{km/s}$，针对不同部组件的拟合参数选择可参照文献[11]。

中速区（$v_{t1}\cos\theta < v_n < v_{t2}\cos\theta$），采用低速区和高速区撞击极限方程进行三次线性插值拟合得到：

$$d_c(v) = d_c(v_{t1}) + \frac{d_c(v_{t2}) - d_c(v_{t1})}{v_{t2} - v_{t1}}(v - v_{t1}) \qquad (4-18)$$

2. 动能失效、冲量杀伤失效和速度增量失效准则

1）动能准则

适用于单个碎片或撞击速度较低的二次碎片撞击舱外部组件设备，碎片碰撞动能 $E_n = mv^2/2$，则部件在确定撞击下失效概率为

$$P_{k/i} = 1 - e^{-(E_n - E_a)/E_b} \qquad (4-19)$$

其中，E_n 代表部件在法线方向的动能，E_a、E_b 代表部件特征动能参数，由实验得到。

2）冲量杀伤准则

冲量杀伤准则用部件能够承受的碎片云冲量来表征部件的失效。撞击速度较高时，碎片会破碎形成碎片云。冲量杀伤准则适用于电子设备以及压力容器。部组件在确定撞击下失效概率为

$$P_{k/i} = 1 - e^{-(I_n - I_a)/I_b} \qquad (4-20)$$

I_n 代表碎片（云）法线方向的冲量分量；I_a、I_b 代表部件特征参数，由实验得到。

对于面积较大的部组件,可采用如下失效准则:

$$P_{k/h} = \begin{cases} 0, & I_p \leqslant I_{dy} \\ \dfrac{I_p - I_{dy}}{I_{ds} - I_{dy}}, & I_{dy} < I_p < I_{ds} \\ 1, & I_p \geqslant I_{ds} \end{cases} \qquad (4-21)$$

式中,$P_{k/h}$ 代表空间碎片撞击下部组件的失效概率;I_{dy}、I_{ds} 分别代表结构材料达到动态屈服和强度极限时作用在设备上碎片云比冲量,如下:
$I_{dy} = \sigma_{dy} h_{equ}/C$、$I_{ds} = \sigma_{ds} h_{equ}/C$,$\sigma_{dy}$ 和 σ_{ds} 代表材料动态屈服和强度极限,c 代表部组件结构声速,h_{equ} 代表部组件等效铝厚度,计算公式如下:

$$h_{equ} = \sigma_{ds} h / \sigma_{ds}^{AL} \qquad (4-22)$$

式中,h 代表部组件结构板厚度;σ_{ds}^{AL} 代表铝材料强度极限。

3)速度增量准则

速度增量准则用部组件能够承受的速度增量表征是否失效,应用对象一般为电子部件,失效概率为

$$P_{K/i} = 1 - e^{-(\Delta_v - v_a)/v_b} \qquad (4-23)$$

其中,$\Delta_v = \dfrac{I_{dc}}{m_c}$ 代表作用到组件的速度增量,I_{dc} 代表作用在组件上碎片(云)冲量,m_c 代表组件质量;v_a、v_b 代表部件的特征速度参数[12]。

4)临界速度准则

THOR 方程是目前应用最广的侵彻毁伤评估方程,由大量撞击实验数据统计得到,广泛用于评估撞击侵彻效能。针对空间碎片对部组件设备的撞击损伤评估应用需求,利用 THOR 方程表征碎片穿孔后的剩余质量和剩余速度。THOR 基本方程包括 3 个,分别用于预估碎片击穿后剩余速度、舱壁结构的防护速度和碎片剩余质量。当空间碎片撞击速度 v 大于等于部组件结构防护速度(或等效结构防护速度)v_P 时,则部组件失效,如下式所示[8]:

$$\begin{cases} v_r = v - 0.304\,8 \times 10^{a1} (61\,023.75hA)^{a2} (15\,432\,m_P)^{a3} (\sec\varphi)^{a4} (3.280\,8v)^{a5} \\ v_P = 0.304\,8 \times 10^{b1} (61\,023.75hA)^{b2} (15\,432\,m_P)^{b3} (\sec\varphi)^{b4} (3.280\,8v)^{b5} \\ m_r = m_P - 6.48 \times 10^{c1} (61\,023.75hA)^{c2} (15\,432\,m_P)^{c3} (\sec\varphi)^{c4} (3.280\,8v)^{c5} \end{cases}$$

$$(4-24)$$

式中,v 代表碎片撞击速度;v_r 代表碎片剩余速度;v_P 代表部组件结构的防护速度;A 代表碎片碰撞面积;φ 代表碎片射击线与部组件结构法线的夹角(撞击角);$a_1 \sim$

a_5、$b_1 \sim b_5$、$c_1 \sim c_5$ 是依据部组件结构材料属性定义的常数。

由于 THOR 方程来自实验数据的拟合,因此,方程的使用存在以下限制[8]:

(1)撞击碎片粒子的长径比≤3;

(2)实验提供的靶板材料有限,其他材料必须由 THOR 材料外推得到(根据材料密度比修正靶板材料厚度)。

航天器常用的铝合金材料(2024T-3)的 THOR 方程常数如表 4-2 所示:

表 4-2 铝合金材料(2024T-3)的 THOR 方程常数

下　标	1	2	3	4	5
a	7.047	1.029	-1.072	1.251	-0.139
b	6.185	0.903	-0.904	1.098	0.0
c	-6.663	0.227	0.694	-0.361	1.901

另外,对于电缆等产品,一般采用临界撞击速度准则表征是否失效,当撞击速度大于对应电缆的临界撞击速度时,电缆产生断路或短路失效,如表 4-3 所示[13]。

表 4-3 电缆临界撞击速度准则

电缆组件类型	电缆切断临界速度	参　数　说　明
实心铜导线	$v_b = 1.22\left(1 + \dfrac{0.0963d_w^2}{m_f^{2/3}}\right)\sec\theta$	v_b 代表电缆切断的额临界速度(m/s);d_w 代表导线直径(mm);d_I 代表绝缘体直径(mm);m_f 代表碎片质量(g);θ 代表碎片入射角(°)
实心铝导线	$v_b = 213\left(1 + \dfrac{0.03d_w^2}{m_f^{2/3}}\right)\sec\theta$	
标准铜导线	$v_b = 98\left(1 + \dfrac{0.0963d_w^2}{m_f^{2/3}}\right)\sec\theta$	
标准铝导线	$v_b = 171\left(1 + \dfrac{0.0963d_w^2}{m_f^{2/3}}\right)\sec\theta$	
射频电缆	$v_b = (98 + 12.6d_I)\left(1 + \dfrac{0.0963d_w^2}{m_f^{2/3}}\right)\sec\theta$	

4.4 部组件易损性实验

部组件易损性实验是易损性评估的重要数据来源和技术支撑。世界各航天机构开展了大量航天器部组件的超高速撞击实验,定性或定量获取了不同失效模式和失效准则。

4.4.1　太阳电池阵撞击实验

太阳电池阵是航天器在轨能源的主要来源,随着近年来航天任务对能源需求的不断增加,太阳电池阵的电压越来越高、发电功率越来越强。同时由于空间碎片数量的急剧增加,太阳电池阵的受撞风险与放电风险也随之增加[14]。

空间碎片对太阳电池阵的撞击,不仅会造成电池片、绝缘层等机械损伤,还会因撞击引起局部高密度等离子体导致的电损伤,包括电池片之间、电池片与基板之间的电弧放电,以及由于电弧热量引起的绝缘层碳化进而导致永久性短路通路,通常称为持久电弧(permanent sustained arc,PSA)[15-17]。

2005 年,日本九州大学将二级轻气炮安装在空间环境综合效应实验室,靶室压力设定为 4×10^{-2} Pa,如图 4-4 所示。

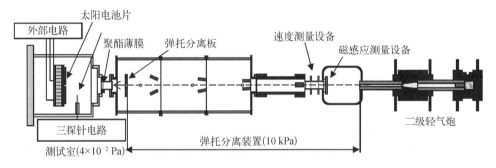

图 4-4　太阳电池阵撞击发电实验设备

试件由硅电池片(如图 4-5 所示)、基板组成,硅电池片中的电池片与玻璃盖片厚度为 100 μm,基板采用碳纤维增强复合材料(carbon fiber reinforced polymer/plastic,CFRP)铝蜂窝板。

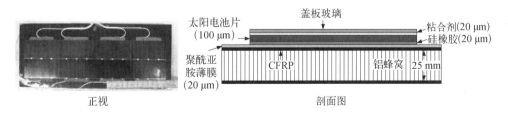

图 4-5　太阳电池阵试件(后附彩图)

试件与靶室外部电路连接模拟发电条件,靶室外部电路由快速响应稳流(constant current,CC)电源、电阻、稳压(constant voltage,CV)电源组成,电阻模拟航天器的载荷阻抗,CC 电源模拟一串电池阵的输出,CV 电源模拟当某串电池阵发生放电时,其他电池阵的输出电压[18],如图 4-6 所示。

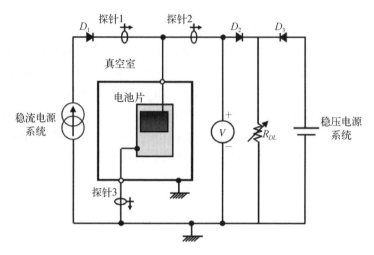

图 4-6　实验外部电路

电流探针 1(C_{p1})测量模拟一串电池阵输出电路的电流,C_{p2} 测量电阻前的电流,C_{p3} 测量电池片与基板间的放电电流,电压探针测量电池阵电压。在太阳电池阵前 100 mm 的地方设置三探针,用以测量超高速撞击产生的等离子体的电子温度与密度,三探针配置见图 4-7,探针由涂层铜线组成,直径 2 mm,暴露长度 20 mm,探针尖端相互接近的部分用 Kapton 带绝缘[19]。

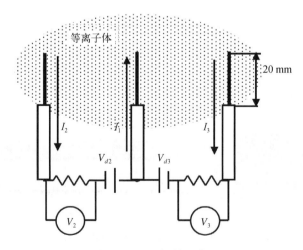

图 4-7　三探针系统

太阳电池阵撞击放电效应可分为三个阶段描述。

（1）初级电弧（primary arc，PA）：仅在撞击时产生的放电。

（2）瞬时持续电弧（temporary sustained arc，TSA）：电池阵输出电流等于电池片—基板放电电流，持续 2 μs 以上。

（3）持久电弧（permanent sustained arc，PSA）：撞击后产生的永久短路通路产生的放电。

等离子体的平流—扩散方程可定义为测量点的电子密度时间历程的拟合曲线，如下所示：

$$N_e = \frac{n_e}{(4\pi Dt)^{3/2}} e^{\left[-\frac{(r-Ut)^2}{4Dt}\right]} \tag{4-25}$$

式中，t 代表从撞击点到测点的时间；N_e 代表电子密度；r 代表从撞击点到三探针测点的距离；电子数 n_e、扩散系数 D、平流速度 U 可通过拟合曲线得到。图 4-8 为太阳电池片撞击实验电子密度变化曲线。图 4-9 为太阳电池片撞击实验放电初期的电流电压。

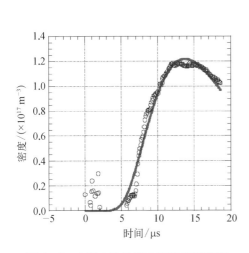

图 4-8　太阳电池片撞击实验电子密度
变化曲线（后附彩图）

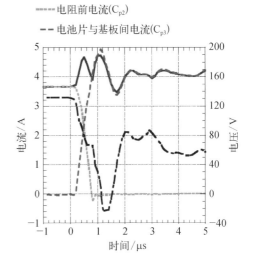

图 4-9　太阳电池片撞击实验放电初期的
电流电压（后附彩图）

根据实验结果，空间碎片撞击电池阵形成的等离子体密度（10^{17} m⁻³）高于低轨等离子体环境（10^{11} m⁻³）6 个以上量级，等离子体电子温度（1.7 eV）高于低轨等离子体环境电子温度（0.09 eV）近 20 倍。

空间碎片撞击太阳电池阵造成穿孔后，撞击产生的等离子体在电池片与基板间持续放电。等离子体扩散并进入基板相互碰撞，产生中性气体与二次电子导致基板变为阴极。由于离子碰撞(取决于一定条件)导致基板局部温度升高,进而会产生热电子发射现象。以上过程将中性气体与电弧离子化,不断产生新的离子与电子,因此,在撞击产生的等离子扩散结束后仍能维持电弧存在。如果在绝缘层被热量碳化之前放电停止,那么该电弧被称为 TSA,否则就是 PSA。

太阳电池阵基板撞击点累计的离子电流密度通过下式得到:

$$i_i = e^{0.5eN_e\sqrt{\frac{\kappa T_e}{m_i}}} \qquad (4-26)$$

式中, i_i 代表离子电流密度; e 代表基本电荷; m_i 离子质量; N_e 代表电子密度; κ 代表波尔兹曼常数; T_e 代表电子温度[20]。

4.4.2 电缆撞击实验

航天器上的电缆一般布局在航天器结构表面,以内表面为主,一般分为功率电缆、数据电缆以及传输射频信号的同轴射频电缆,实验结果表明,线缆受撞击后,可能引起机械损伤和数据传输、功率传输暂时或永久中断等功能失效。

(1)电缆绝缘层无损伤或存在撞击残留物,线缆功能无降级,或信号波动小于正常信号值的 1%,功能正常。

(2)电缆绝缘层形成撞击坑,或绝缘层脱落导致导线暴露,撞击物到达了金属导线,引起信号传输错误或暂时中断等传输功能故障;功率电缆传输错误指电压波动量超出正常值20%且持续时间超过 1 μs,数据信号传输错误指传输错误持续时间超过 1 μs,射频信号传输错误指射频信号波动量超过正常值20%且持续时间超过 10 μs。

(3)电缆被部分或全部切断,出现短路或断路,从而导致线缆功能丧失,引起永久失效。

通常,电缆机械损伤分成4级:1级"无损",线缆绝缘层无损伤,可能有撞击残渣;2级"成坑",绝缘层存在成坑,有可能发生穿透;3级"裸露",绝缘层部分脱落,即导线裸露;4级"切断",至少一根导线被完全切断。

电缆功能损伤分为5级:1级"无损",信号失真度小于 1%,可认为无影响;2级"失真",发生信号失真,但没有传输错误;3级"错误",发生信号错误,但性能无退化;4级"退化",发生信号错误,且性能退化;5级"失效",发生短路或导线损坏,电缆无法正常工作。

德国 EMI 中心开展了针对三类电缆的撞击实验,选取功率电缆(Raychem Spec 44, 18 AWG)、双绞线数据电缆(Raychem Spec 44, 20 AWG)、射频电缆(Sucoflex 103 from Huber & Suhner),射频电缆传输 9.35 GHz 信号。蜂窝板由 0.41 mm 厚铝面板(2024 T3)与 35 mm 厚铝蜂窝芯(2.0－3/16－07P－5056－MIL－C－7438G)组成。MLI 面密度 0.447 kg/m²,放置在蜂窝板外面板上,通过将电缆放置在距离

MLI 包覆的铝蜂窝板后 10 mm 和 100 mm 的位置,验证不同距离下撞击效应,实验结果如表 4 - 4 所示[21,22]。

表 4 - 4 电缆超高速撞击实验结果(铝弹丸、垂直撞击)

实验	间距/ mm	速度/ (km/s)	直径/ mm	功率电缆		数据电缆		射频电缆	
				损伤	性能	损伤	性能	损伤	性能
4728	10	6.42	2.0	无损	无损	无损	无损	成坑	无损
4732	10	6.55	2.5	裸露	失真	切断	失效	成坑	失真
4731	100	6.53	2.5	裸露	错误	成坑	错误	成坑	失真
4727	100	6.77	3.0	裸露	失真	裸露	失效	成坑	失真
4736	100	6.78	4.0	裸露	错误	裸露	失效	裸露	退化
4738	100	7.70	2.0	无损	无损	成坑	无损	成坑	无损
4734	100	7.59	2.5	成坑	无损	裸露	错误	成坑	失真
4733	100	7.68	3.0	裸露	错误	成坑	失真	裸露	错误
4735	100	7.18	1.5	裸露	失真	裸露	错误	裸露	错误
4737	100	7.0	2.0	裸露	失真	裸露	失效	裸露	退化

NASA 约翰逊空间中心超高速撞击实验室在白沙实验场(White Sands Test Facility,WSTF)利用二级轻气炮将铝球/钢球弹丸加速到 7~8 km/s,完成了针对国际空间站主功率电缆、数据电缆和射频电缆的超高速撞击实验,如图 4 - 10 所示。

图 4 - 10 ISS 功率电缆(左)、射频电缆(中)和双绞线数据电缆(右)(后附彩图)

实验中,主功率电缆由 2 对 0AWG 铜导线组成(火线与零线,每根电缆共 4 根导线),导线间的空隙用绳索填充,每根导线用 1 mm 厚 Teflon 绝缘。导线与填充绳索用导电的网格编织层缠绕包裹,以提供空间碎片防护,同时作为射频接地层。电缆整体用玻璃纤维编织布缠绕,直径近似 5 cm。实验中,电缆有两种状态:带电(工作电压与电流级别)与不带电。在带电实验中,设计了电路以模拟 ISS 电效应,该电路在 ISS 上用以防备电泳对下游设备的冲击,因为实验要尽可能地接近实际情况以评估实验中可能发生的破坏性放电电弧。

同轴射频电缆是商用 Cobham FA19X 同轴电缆,电缆外径 4.8 mm,外部包覆 PFA(perfluoroalkoxy alkane)Teflon 并缠绕面密度 0.029 g/cm^2 的 beta 布,beta 布有三种螺旋缠绕重叠率: 50%、67% 和 75%(等同于包裹两层、三层和四层),实验中考虑了不同的缠绕重叠率。

双绞线数据电缆由两根标称直径为 0.76 mm 的 22 AWG 标准导线组成,导线有 TFE(tetra fluoro ethylene)绝缘层,包覆后的标称直径 1.32 mm。导线沿着两根直径 0.889 mm 的填充索捻在一起,并紧密缠绕着编织铜网防护层,外部用 FEP(fluorinated ethylene propylene)包覆,电缆标称外径为 3.759 mm。电缆用 beta 布螺旋缠绕,重叠率 50%(包裹两层)。

实验表明,撞击位置是影响实验结果的主要因素,撞击角度对实验结果影响较小,针对功率电缆,直径 2.38~3.178 5 mm 铝弹丸在速度 6.9 km/s 撞击速度下,电缆会发生短路[23]。

针对射频电缆,导线与外部金属网层间的短路会导致电缆失效,直径大于 0.58 mm 的铝弹丸和直径大于 0.50 mm 的钢弹丸在撞击速度 7 km/s 下,会导致电缆短路失效[24]。

针对双绞数据电缆,实验中出现了短路和开路两种失效模式,且撞击位置发生在导线上比发生在填充绳索上更易引起失效[25]。

4.4.3 蓄电池模块撞击实验

航天器上电池模块通过在阳照区接收太阳电池阵充电实现能量存储,在地影区或大功率载荷工作期间为平台、载荷提供能源支持,目前在轨电池以锂电池和镍氢电池为主。

NASA 针对锂离子电池开展了撞击实验,实验配置 2 个独立的电池单体,撞击点选择在其中 1 个电池芯的端部。根据实验结果,当弹丸穿透电池芯结构时,受撞电池芯温度升高、芯内物质喷出,甚至出现自打火爆燃现象。临近电池芯也会出现温度升高,甚至引起热泄漏而导致失效,实验过程中,电池芯受撞击后实验现象如图 4-11 所示。

实验后,锂离子电池试件如图 4-12 所示,其中左图为防护结构上产生了直径 9.5 cm 的通孔,右图为受撞击电池芯出现芯内部喷溅出的熔融态材料[26]。

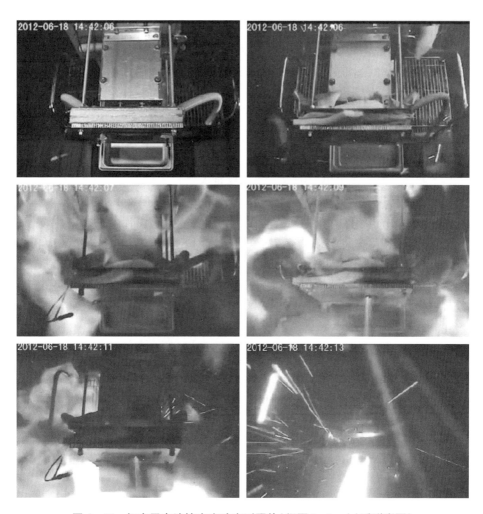

图 4-11　锂离子电池撞击实验序列照片(间隔 1~2 μs)(后附彩图)

图 4-12　锂离子电池试件撞击实验后状态(后附彩图)

4.4.4　电子设备撞击实验

电子设备一般将印制电路板集成在铝合金或铝蜂窝板结构箱体内,是航天器上数量最多的设备,超高速撞击会对电子设备造成机械损伤和信号失效,电子设备壳体被穿透后,二次碎片会进入设备内部,损伤或破坏电子器件,引起设备全部或部分功能的暂时或永久失效。

(1)暂时失效:撞击残渣造成电子设备瞬时短路,设备功能短时间中断,在几毫秒后恢复正常功能。

(2)永久失效:供电电压的丧失导致设备失效。

德国 EMI 中心组织开展了电子设备的超高速撞击效应实验,将集成了 FPGA、时钟、集成电路、存储单元和接口等单元的 PCB 板布置于铝合金机箱内,PCB 板距离壳体 28 mm,实验中将电子设备放置在包覆 MLI 的铝蜂窝板后。实验中,电子设备处于开机工作状态,不同电子设备机箱厚度及与不同的蜂窝板间距下,超高速撞击实验结果如表 4-5 所示[27]。暂时失效由导电残渣导致瞬时短路引起,进而导致处理器操作中断,几毫秒后恢复正常功能;永久失效为供电电压的突然丧失或计算机正常功能的丧失。

表 4-5　电子设备撞击实验结果

实验	S/mm	t/mm	速度/(km/s)	直径/mm	撞击角/(°)	机箱损伤	功能故障
4699	0	1.5	6.41	2.3	0	穿孔	永久
4708	0	1.5	6.08	2.3	0	穿孔	暂时
4718	0	1.5	6.59	2.8	0	穿孔	永久
4703	0	2.0	6.56	2.3	0	穿孔	无故障
4701	0	3.0	6.17	3.2	0	穿孔	永久
4702	0	3.0	6.65	2.5	0	未穿孔	无故障
4721	0	2.0	6.75	3.5	45	穿孔	无故障
4722	0	2.0	3.34	2.8	45	未穿孔	无故障
4723	0	2.0	3.39	3.5	45	未穿孔	无故障
4714	100	1.5	3.66	2.5	0	未穿孔	无故障
4715	100	1.5	3.52	3.2	0	未穿孔	无故障
4716	100	1.5	3.81	4.0	0	穿孔	永久
4712	100	1.5	4.7	2.5	0	穿孔	无故障

续　表

实验	S/mm	t/mm	速度/(km/s)	直径/mm	撞击角/(°)	机箱损伤	功能故障
4704	100	1.5	6.56	4.0	0	崩落	无故障
4706	100	1.5	6.17	4.5	0	穿孔	暂时
4719	100	1.5	6.55	4.5	45	未穿孔	无故障
4720	100	1.5	6.60	5.5	45	未穿孔	无故障
4711	300	1.0	5.8	3.2	0	穿孔	无故障
4710	300	1.0	5.44	4.0	0	穿孔	永久
4700	300	1.5	6.76	5.0	0	崩落	暂时
4709	300	1.5	5.66	5.5	0	穿孔	永久

说明：S 代表结构板后板与电子盒前壳体距离，t 代表电子盒壳体厚度，0° 代表垂直撞击。

4.4.5　压力容器撞击实验

航天器通常采用压力容器存储气体和液体，例如推进系统气瓶和贮箱，用于存储高压气体和推进剂，对于载人航天器，还包括压力舱结构及用于航天员生存的供气气瓶。压力容器为高压、高能设备，撞击穿孔后，内部工质会从撞击孔泄漏，严重撞击时会发生灾难性爆裂，形成二次高速碎片影响航天器及航天员安全。

1. 高压气瓶

北京空间飞行器总体设计部通过超高速撞击常压和充压气瓶容器的实验，得到了不同撞击参数下的穿孔直径，分析了在 6.5 km/s 速度下的撞击极限直径。对充气压力容器进行了超高速撞击实验，分析了导致容器灾难性失效的撞击参数，并通过对超高速撞击实验数据进行拟合，建立了孔径预测模型。

球形高压气瓶选用星上常用球形气瓶，采用钛合金材料，容积 50 L，壁厚 4.6 mm，工作压力 6 MPa，气瓶由两个半球形体焊接而成，其中一个半球体极点处通过进气嘴及紫铜管与靶室外充气气瓶连接，如图 4-13 所示。

气瓶超高速撞击实验采用了两个高压气瓶，进行了两发充压条件下的气瓶

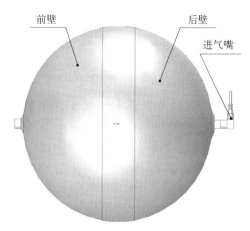

图 4-13　高压气瓶试验件简图

超高速撞击实验,其内压载荷为 6 MPa;利用击穿后的容器进行了五发未充压条件下气瓶的超高速撞击实验,其试验参数及结果如表 4-6 所示。实验中容器后壁均未被弹丸与前壁撞击所形成的碎片云击穿,仅产生若干个弹坑。

表 4-6 高压气瓶超高速撞击实验结果

编号	弹丸材料	弹丸直径/mm	撞击速率/(km/s)	充压情况	损伤情况	通孔孔径/mm
1	LY12	1.76	6.58	未充压	未击穿	/
2		2.24	6.55	未充压	击穿	2.46
3		2.52	6.62	未充压	击穿	4.06
4		3.04	5.53	未充压	击穿	5.00
5		4.98	6.39	未充压	击穿	11.94
6		2.24	6.72	6 MPa	击穿	2.00
7		9.04	6.48	6 MPa	击穿	24.15

在实验 1 中,直径为 1.76 mm 的弹丸以 6.58 km/s 的速度正撞击气瓶,气瓶前壁未被击穿;而在实验 2 中,直径为 2.24 mm 的弹丸以 6.55 km/s 的速度正撞击气瓶,气瓶前壁被击穿,其通孔孔径为 2.46 mm,说明在撞击速度为 6.5±0.3 km/s 情况下,气瓶前壁的撞击极限直径介于 1.76~2.24 mm 之间,故可选取中间值 2.00 mm 作为气瓶器壁的撞击极限直径,其误差小于 0.25 mm,满足工程精度要求。

在实验 7 中,直径为 9.04 mm 的弹丸以 6.48 km/s 的速度正撞击内压载荷为 6 MPa 的气瓶,气瓶未发生灾难性失效,说明导致无防护压力气瓶发生灾难性失效的弹丸直径应大于 9 mm[27]。

2. 高压容器和推进贮箱

德国 EMI 中心分别针对不同结构和构型参数的高压容器和推进贮箱开展了撞击实验,如图 4-14 所示。

高压容器和推进贮箱结构参数如表 4-7 所示,其中高压容器内充氮到 9 MPa、推进贮箱充满水,并充氮气到 3 MPa。

图 4-14 压力容器实验构型(推进贮箱)(后附彩图)

表 4-7　压力容器圆柱段结构组成

压力容器	碳纤维复合材料厚度/mm	铝厚度/mm	外径/mm
高压容器	2.9±0.2	1.05+0.35/-0.25	204.0±1.1
推进贮箱	0.85±0.15	0.8±0.3	200.0±1.0

　　超高速撞击情况下,高压容器呈现出爆前泄漏行为,撞击速度相同情况下,随着弹丸直径增加,容器壁从爆前泄漏到灾难性爆炸存在过渡,气体超压峰值小于充压 10%,如表 4-8 所示。

表 4-8　充气压力容器(满载)实验结果

实验	S/mm	速度/(km/s)	弹丸直径/mm	初始压力/MPa	最大超压峰值/MPa	结　果
4756	100	3.30	4.0	9	未测	穿孔、泄漏
4759	100	2.26	4.0	9	0.4	未穿孔、未泄漏
4755	100	6.51	4.5	9	未测	未穿孔、未泄漏
4757	100	6.52	5.0	9	未测	穿孔、泄漏
4754	200	6.51	6.0	9	0.9	穿孔、爆裂、解体

　　充气压力容器实验后,如图 4-15 所示。

　　对于推进贮箱,当撞击速度为 6.5 km/s、弹丸直径为 4.5~6 mm 时,容器壁厚度从只发生泄漏到灾难性爆裂存在明显过渡。导致失效的潜在物理效应为水锤效应[水力学术语,指压力容器或管路中,水的流速随压力突然变化,由于压力水流的惯性产生的水流冲击(波)],流体最大超压峰值超过了 3 倍充压,推进贮箱实验结果如表 4-9 所示[22]。

表 4-9　充水压力容器(满载)实验结果

实验	S/mm	速度/(km/s)	弹丸直径/mm	压力/MPa	最大超压峰值/MPa	结　果
4752	100	6.77	4.5	3	8.0	穿孔、泄漏
4751	100	6.50	6.0	3	>10	穿孔、爆裂、解体
4750	200	6.55	4.0	3	1.1	未穿孔、未泄漏

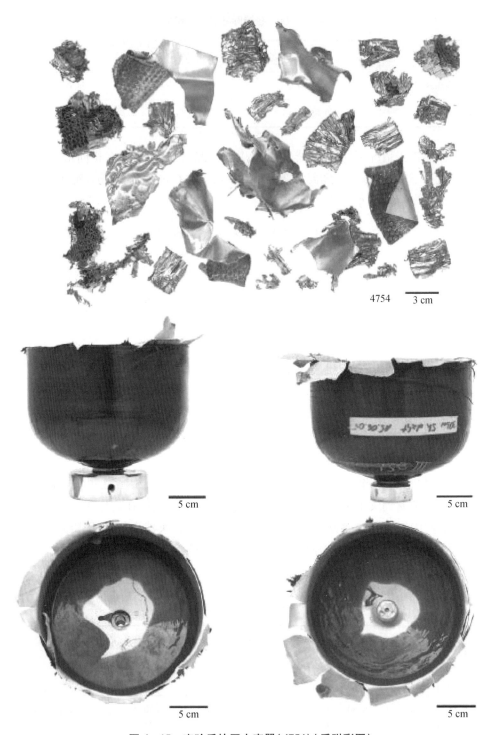

4754　——— 3 cm

——— 5 cm

——— 5 cm

——— 5 cm

——— 5 cm

图 4－15　实验后的压力容器(4754)(后附彩图)

实验后,推进贮箱如图 4 – 16 所示。

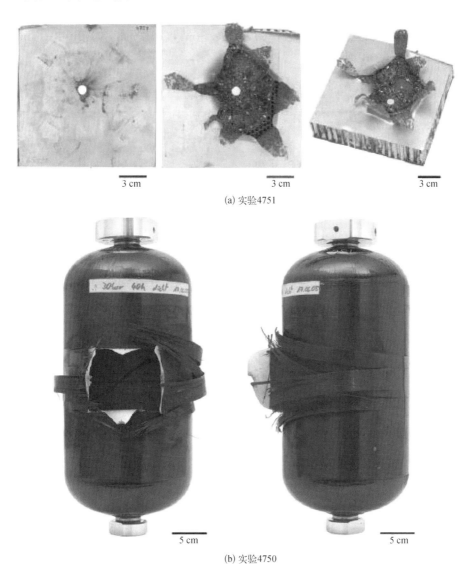

(a) 实验4751

(b) 实验4750

图 4 – 16　实验后的压力容器损伤

4.4.6　光学材料撞击实验

1. 舷窗玻璃

航天器舷窗玻璃外层通常采用熔融石英玻璃制成,其具有热扩散系数低、光学性能优异的特点,北京卫星环境工程研究所采用 18 mm 口径二级轻气炮和 20 J 激光驱动微小飞片装置(LDFF – 20)对用作航天器舷窗玻璃的熔融石英玻璃的超高速撞击损伤特性进行了试验研究和分析。

其中,二级轻气炮发射的球形铝弹丸直径分别为 1 mm 和 3 mm,速度 2~6.5 km/s;LDFF - 20 发射的圆柱形飞片厚度 7 μm,直径 1 mm,速度 1~8.3 km/s。撞击结果如表 4 - 10 所示。

表 4 - 10   熔融石英玻璃和 K9 玻璃超高速撞击实验结果

实验编号	撞击速度 /(km/s)	弹丸直径 /mm	成坑深度 /mm	溅射区 直径/mm	中心坑 直径/mm	备 注	
1	5.06	1	0.940	11.56	4.77	撞击面	背面
2	5.79	1	2.470	28.24	5.73	损伤	未损伤
3	6.43	1	2.760	31.12	6.35	损伤	未损伤
4	6.50	1	2.130	30.82	6.74	损伤	未损伤
5	6.06	1	2.250	28.72	6.08	损伤	未损伤
6	2.8	3	/	17.72	/	穿透	
7	5.02	3	/	20.78	/	穿透	
8	5.23	3	/	22.42	/	穿透	
9	6.43	3	/	/	/	破碎	
10(K9)	5.18	1	1.17	16.18	6.01	损伤	未损伤
11(K9)*	5.20	1**	0.0119	1.143	/	损伤	未损伤
12(K9)*	5.90	1**	0.0383	1.177	/	损伤	未损伤
13(K9)*	8.30	1**	0.325	1.190	/	损伤	未损伤

说明: *代表采用激光驱动微小飞片实验;
**代表激光束直径为 1 mm,飞片直径小于 1 mm。

根据撞击结果,12 mm 厚的熔融石英玻璃,直径为 3 mm 的弹丸甚至在 2.8 km/s 的低速下就将其穿透,如图 4 - 17 所示,直径为 1 mm 的弹丸在 6.5 km/s 的高速下没有穿透,说明弹丸直径对撞击损伤特性有很强的影响[28]。

LDFF - 20 发射的微小飞片的撞击仅在玻璃表面产生很浅的凹坑,没有裂纹产生,但微小飞片的累积撞击损伤明显地降低了玻璃的透光性,如图 4 - 18 所示。

2. 光学太阳反射镜

北京卫星环境工程研究所利用激光驱动微小飞片技术,通过试验研究了航天器光学太阳发射镜(optical solar reflecor,OSR)的超高速撞击特性,OSR 作为一类玻璃型镀银二次表面镜,主要作为航天器外露材料,用来反射太阳光线。试验样品采

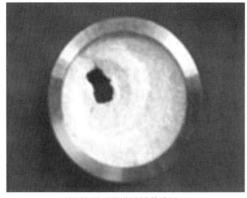
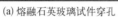
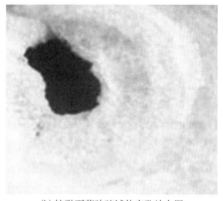

(a) 熔融石英玻璃试件穿孔　　　　　　　(b) 熔融石英玻璃试件穿孔放大图

图 4-17　2.8 km/s 铝弹丸(3 mm)穿透熔融石英玻璃(后附彩图)

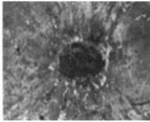

(a) 激光飞片撞击 K9 玻璃　　　(b) K9 玻璃损伤共焦　　　(c) K9 玻璃损伤共焦激光
　　　损伤图　　　　　　　　　激光扫描图　　　　　　　扫描结果放大图

图 4-18　激光飞片(1 mm)撞击下 K9 玻璃典型损伤特征(后附彩图)

用边长 20 mm、厚度 0.15 mm 的方形材料,粘贴在直径 30 mm、5 mm 厚的 2A12 铝基底上。试验选用直径 0.8 mm、厚 5.53 μm 的飞片,撞击速度为 4.72 km/s,试验结果如图 4-19 所示,其在样品上产生的撞击坑直径 0.82 mm,撞击坑周围是大量的

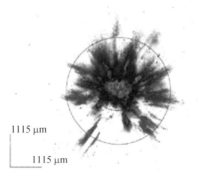

(a) 撞击试验试片　　　　　　　　(b) 撞击试验试片放大图

图 4-19　OSR 撞击实验结果(后附彩图)

环形裂纹和放射状裂纹。测量 OSR 的光学性能可以发现,太阳吸收率从 0.105 上升到 0.140,半球发射率变化从 0.80 降低到 0.65,表面热辐射性能下降明显[29]。

4.5 载人航天器密封舱易损性及其对航天员的影响

载人航天器密封舱为航天员提供舒适的压力和供氧环境,是载人航天器支持航天员在轨长期居住和工作的场所,密封舱结构受空间碎片撞击穿孔后,对舱内航天员产生效应如图 4-20 所示,包括:

(1)引起舱内气体泄漏,气压降低,航天员出现疲劳、烦躁、紧张等不适状态,甚至发生体液沸腾,影响航天员安全;

(2)进入密封舱内的二次碎片云和冲击波,撞击损坏舱内设备,威胁航天员安全;

(3)舱体泄压引起航天员缺氧,因穿孔直径过大,造成航天员因缺氧而神志不清或窒息;

(4)进入密封舱内的碎片或二次碎片,直接击中航天员,引起航天员伤亡;

(5)碎片次级效应,包括撞击燃烧及有毒气体、爆闪视觉损伤、噪声、冲击波和高温粒子等导致穿孔附近的航天员伤亡。

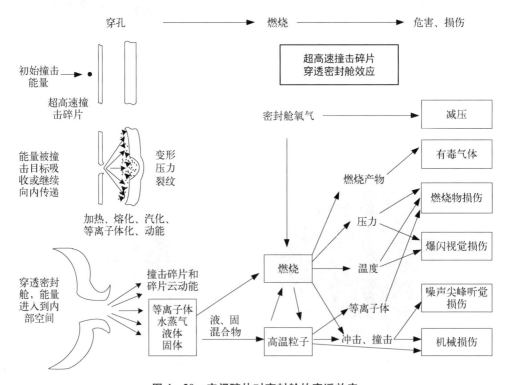

图 4-20 空间碎片对密封舱的穿透效应

空间碎片撞击引起密封舱内航天员伤亡模式可归纳为空间碎片直接撞击航天员、撞击影响密封舱环境从而导致航天员及密封舱姿态失控引起航天员失定向等三类伤亡模式[30]。

4.5.1　二次碎片撞击航天员

空间碎片对航天员的直接撞击损伤,主要指碎片击穿密封舱结构后,碎片云(即二次碎片)对航天员的撞击损伤,包括软组织损伤、肢体损伤、脏器损伤等。

(1)人体软组织损伤,指碎片云击中航天员后,造成肌肉损伤,包括体表及血管破裂出血,当击穿动脉血管,该损伤会导致人体严重损伤或死亡;

(2)肢体损伤,指碎片云击中航天员,造成人体骨骼断裂,一般均为重度损伤;

(3)脏器损伤,指碎片云造成内部器官的损伤,如心脏、肺、脾、胃等,一般为重度损伤。

影响空间碎片对航天员的撞击损伤因素包括空间碎片穿孔方位、碎片云在密封舱内质量、速度和方向分布及航天员在密封舱内所处方位、身体受撞击部位等。对于判断人员是否丧失任务能力的准则,主要分为穿透能力等效准则、临界能量准则和条件杀伤概率准则。

1. 穿透能力等效准则

根据碎片或枪弹是否穿透特定厚度和材料的靶板判断人员是否丧失能力,通常采用厚度为 20~40 mm 的松木或杉木板,或者采用厚度为 1~3 mm 的钢板或铝板,例如德国用枪弹能否穿透厚度为 1.5 mm 的白铁皮作为人员丧失作业能力的判据。

由于穿透能力主要是由枪弹或碎片的能量密度决定的,而对人体目标的毁伤能力主要是由传递给目标的能量决定的,即穿透能力强的碎片致伤能力不一定强,因此该准则的使用存在一定局限性。

2. 临界能量准则

采用枪弹或碎片所具有的能量判断人员是否丧失战斗力准则,若能量大于某个临界值,则认为能够使人员丧失战斗力,表 4-11 为国内外典型使人员丧失战斗力的能量临界值。

表 4-11　使人员丧失战斗力的能量临界值

国　　家	法国	德国	美国	中国	瑞士	苏联
能量临界值/J	40	80	80	98	150	240

该准则缺点是未考虑碎片形状、击中人员的部位等重要影响因素。

3. 条件杀伤概率准则

该准则除考虑碎片相关的质量、速度等因素外,还考虑了对人体的命中位置以及战场环境、心理状态等因素,典型准则为由美国艾伦(Allen)和斯佩拉扎(Sperrazza)提出的适用于球形和立方形碎片的人员杀伤准则,该准则既考虑了人员从受伤到丧失战斗力的持续时间,又考虑了人员具体承担的任务:

$$P_{I/H} = 1 - e^{-a \times (91.7 mv^{1.5} - b)^n} \qquad (4-27)$$

式中,$P_{I/H}$代表碎片随机命中执行任务士兵丧失战斗力的条件概率;m代表碎片质量,g;v代表撞击速度,m/s;a、b、n代表不同战术情况及从受伤到丧失战斗力持续时间的实验系数[1,31]。

4.5.2 密封舱环境对航天员影响

载人航天任务中,航天员乘组、载人航天器及空间环境构成一个复杂的人-机-环境系统,其中,航天员是载人航天任务的主体,其作用能否充分发挥是任务成败的关键。在轨飞行期间,由于环境条件的改变而引起人体生理和心理紧张状态及其所导致的一系列后果称为航天员应激反应,长期在轨运营期间,引起航天员生理性应激来源包括大气环境、力学环境和辐射环境等。作为执行在轨任务的主体,当受到外界环境因素影响情况下,航天员人体功能状态会产生变化,最终影响人员安全。对于航天员在轨长期生存的密封舱内环境,当航天器由于自身故障或在外部作用下而产生故障时,航天员将遭遇低压、低氧、高温、低温、有害气体等异常环境,航天员、载人航天器和空间环境的相互作用如图4-21所示[32]。

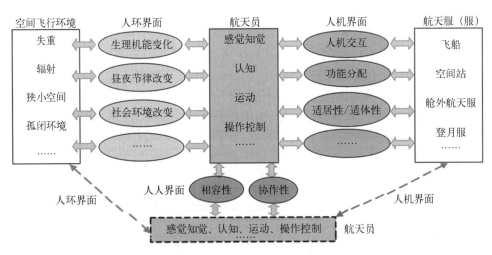

图4-21 载人航天任务中航天员-航天器-空间环境相互关系图

国内外专家将人体的功能状态划分为4个水平,并针对代偿性反应、呼吸功能、循环功能、体温变化、不良反应以及脑电、功效降低、听力下降、症状和体征等方面,制定了人体功能水平的评定依据和原则[33],如表4-12所示。

表 4 - 12　人体功能状态划分

	舒　适	功　效	安　全	耐　限
基本原则	无明显不适感,保持高度功效效率	允许有轻微不适感,具有正常工作效率	有明显不适感,工作效率降低但不影响安全	主客观反应严重,短时间可耐受,工作效率显著降低,已发生事故
代偿性反应	不明显	稍有增强	显著增强	降低→代偿障碍
呼吸功能	/	/	显著增强或呼吸节律异常频现	呼吸节律异常严重周期性呼吸频现
循环功能	/	/	显著增强或功能代偿不全	降低→障碍
体温变化	不明显	稍有增高	明显	明显
不良反应	/	不明显	明显	严重
脑电	/	α、β 波激活,功量增强	α、β 波功量降低,慢波偶发	/
功效降低	/	不显著	显著	非常显著
听力下降	/	不显著	显著	非常显著
症状与体征	/	不明显	明显	严重

在轨飞行期间,主要对高低压及高低温等两类影响航天员安全的环境因素影响机理进行说明。

1. 压力环境影响

压力环境影响主要包括冲击波、低气压和缺氧等因素。

1) 冲击波

冲击波对人体的作用包括直接冲击波作用和间接冲击波作用两种。

直接冲击波也称为初始冲击波作用,会引起人体一级损伤(原发冲击波伤),分为应力波和剪切波两类,应力波具有作用时间短、振幅宽的特点,易引起组织界面损伤,而剪切波作用时间长,振幅窄,容易引起组织撕裂,尤其为韧带固定部位。冲击波作用于人体的损伤与冲击波波阵面的峰值超压直接相关。冲击波可破坏人员的中枢神经系统、震击心脏,造成肺部出血,伤害呼吸机消化系统,震破耳膜(鼓膜破裂的最低阈值为 35 kPa)等。

间接冲击波作用可以分为次生作用、第三作用和其他作用。次生作用为由冲击波作用下固体物的撞击侵彻产生,会引起人员的二级损伤;第三作用是指冲击波压力与气流相互作用下人员整个身体发生的位移,接着发生减速撞击,会引起人员的三级损伤;其他作用主要是指烟尘和热的伤害,会引起人员的四级损伤。

直接冲击波对人体的伤害最为严重,冲击波作用下,肺泡气体除了水蒸气压保持不变外,含有的全部气体突然膨胀,猛速冲出肺脏,与外界大气取得平衡,造成人体缺氧。

此外,由于肺部含有大量气囊或气泡组织,与邻近组织相比,密度较低,因此更容易受到初始冲击波的伤害,人员在空气冲击波超压作用下的毁伤等级及等效靶板变形量如表4-13所示[34,35]。

表4-13　人员在空气冲击波超压作用下的毁伤等级

毁伤等级	超压值/MPa	伤害程度	伤 害 情 况	等效靶板(0.3 mm厚A3钢板)的变形程度 W_f
一级	0.02~0.03	轻微	轻微挫伤,肺部小灶性出血	<19 mm
二级	0.03~0.05	中等	听觉、气管损伤,肺大泡形成,肺体指数明显增加	19~23 mm
三级	0.05~0.1	严重	内脏受到严重挫伤,肺体指数显著增加,可能造成伤亡	23~25 mm
四级	>0.1	死亡	大部分人死亡	>25 mm,出现撕裂破坏

2) 低气压

密封舱或航天服泄漏后会产生低气压,低气压对航天员的危害包括3类。

(1) 气压性损伤,随着外界气压降低,人体中耳鼻窦、肺脏和胃肠等腔内气体膨胀,内压升高,超过耐限时,会造成损伤;

(2) 减压病,由高压环境突然进入低压环境,体内溶解的大量氮气形成气泡所致的症状,分别表现为皮肤发痒、关节疼痛、肺脏气哽,重者致死;中枢神经系统发生多种脑症状,严重可致命,对于航天员俗称减压病;

(3) 体液沸腾,气压低于6.27 kPa时,低于37℃水沸点气压,人体皮下组织液体最先沸腾,然后迅至体内;

此外,当减压率大于1.33 kPa/s时,会引起人体中耳刺痛,甚至眩晕。

3) 缺氧

缺氧条件下,因缺氧导致意识不清甚至丧失意识,缺氧的量级水平宽,人体效应最广泛,也最严重,可明显划分为轻、中、重、严重、极严重各层次;对于极严重情况,从缺氧作用开始,经10 s便会丧失意识;按照急性缺氧的量级及其产生的人体效应,制定了6个层次的生理界限值,包括最佳值、夜航安全值、功效保证值、功效容许值、耐限制和极限值,如表4-14所示[36]。

表 4 - 14　生理界限值及对应高度压力要求

本限值名称	美国名称	英 国 名 称	高　度		
			本　值	英国	美国
最佳值	最佳值	最佳值	海平面(21.3 kPa 氧分压)(肺泡氧分压为 13.7 kPa)	1 500 m	
夜航安全值	正常夜视不供氧最大高度	夜视不造成严重故障最大高度	1 500 m(17.3 kPa 氧分压)(肺泡氧分压为 10.7 kPa)	1 200 m	1 500 m
功效保证值	建议常规飞行供氧	飞行效率不造成严重障碍的不供氧最大高度	2 500 m(肺泡氧分压为 9.1 kPa)	2 400 m	2 400 m
功效容许值	/	/	4 000 m(肺泡氧分压为 6.8 kPa)	/	/
缺氧耐限值	应急供氧最大高度	/	5 000 m(肺泡氧分压为 5.5 kPa)	5 500 m	
缺氧极限值	最低值	最低值	7 500 m(肺泡氧分压为 4.0 kPa)	7 600 m	7 600 m

　　人体有效意识时间或丧失意识时间,随着外部气压的降低迅速缩短。在精神应激或其他因素(疲劳等)的复合作用下,机体的缺氧耐力急剧降低。且当人产生压力应激瞬间,精神应激(异常紧张)将会加剧,并进一步恶化机体的缺氧耐力,并加速缺氧性障碍的出现。根据实验结果,不同海拔高度(对应的大气压力)爆炸减压后/密封舱失压后人的有效意识时间如表 4 - 15 所示[36]。

表 4 - 15　失压状态下人体有效意识时间

爆炸减压后吸入空气			增压舱(航天服)丧失压力后吸入纯氧		
高度/m	大气压/kPa	有效意识时间	高度/m	大气压/kPa	有效意识时间
7 000	41.21	7~17 min	13 500	15.19	18 min
8 000	35.76	1~3 min	14 000	13.95	2.45 min
9 000	30.91	1~2 min	15 000	11.71	34 s
10 000	26.60	40~70 s	16 000	9.78	15 s
11 000	22.80	30~50 s	/	/	/
12 000	19.45	25~35 s	/	/	/
14 000	13.95	12~15 s	/	/	/
15 000	11.71	12~15 s	/	/	/
16 000	9.78	12~15 s	/	/	/

2. 温度环境影响

舒适的温度环境是保证航天员身体健康、高效工作和完成任务的重要条件。温度的量级水平最宽，其人体效应的广泛性与严重性仅次于急性缺氧。高温环境将导致人体功效严重降低，个别人虚脱；低温环境将导致人体手脚感到麻木，0℃以下长时间会冻僵。高温环境中，人体血液会进行重新分配，内脏血管收缩，阻力增加，血流量降低；受高温时人体交感系统兴奋影响，皮肤血流量显著增加，活动时肌肉的血液量增加更为突出。在美国"水星7号"飞船任务过程中，由于舱体温控系统故障，航天员体温达到38.8℃，发生高温应激反应，造成返回过程误操作，使飞船偏离正常落点500 km。

体温降低到35℃后，脑功能逐渐丧失，甚至昏迷。

1）高温环境下耐受时间与气温的关系为

$$t_t = 1 - 1.670\,8 \times 10^{11} \times T_a^{-5.5} \qquad (4-28)$$

其中，t_t 代表耐受时间，min；T_a 代表气体温度，℃；适用范围相对湿度40% ~ 60%；风速≤0.13 m/s。

考虑相对湿度对耐受时间影响，人体可对高温可耐受时间经验公式：

$$\lg t = 12.64 - 5.836 \times \lg T - 1.631 \times H - 0.153 \times v \qquad (4-29)$$

其中，T 代表气体温度；H 代表相对湿度，%；v 代表风速，m/s；t 代表生理耐受限度[37]，min。

2）低温环境下，耐受时间与气温关系：

$$t_t = 1.156\,5T_a - 0.019\,8I_{cl} \times T_a \qquad (4-30)$$

其中，I_{cl} 代表服装隔热，clo[37,38]。

4.5.3　姿态失控对航天员失定向影响

在轨期间，利用舱内布局进行视觉重定向，是航天员克服和解决失定向问题的重要方法。载人航天器密封舱击穿后，密封舱内气体泄漏形成干扰力矩驱动航天器姿态无控运动。当舱体姿态发生无规律运动或失控后，航天员失去了空间重定向参考物，引起安全性问题，另外，航天员未对身体及时固定约束情况下，随舱体运动会增加对前庭功能刺激，加重失定向问题发生[39]。

人的方向感是由神经中枢系统对多种感觉器官的输入信息处理并综合而成，包括视觉、前庭、本体觉、触觉等多种感觉信息，结合人的记忆和认知机制，判断身体在空间所处的姿态和方位。微重力环境下，由于失去了地面长期生活的二维平面方位判断机制，无重力参考作用，易发生空间失定向问题。

受在轨和地面重力环境的转换，航天员入轨会发生空间定向扰乱，无法正确感知自身、载人航天器或周围环境的姿态和运动,进而导致空间运动病和操作失误等危险情况发生。

4.6　航天器易损性评估系统介绍

空间碎片环境下,针对空间任务的系统易损性/风险评估经历了从载人航天器到航天器的发展历程。国际上 NASA、ESA 及国内中国空间技术研究院等主要航天组织,都开发了相应评估软件,保障了航天任务的可靠运行,如 NASA 的 MSCSurv 评估系统多次成功应用于航天飞机和国际空间站任务,国内中国空间技术研究院 MODAOST 软件已成功应用于“天宫一号”目标飞行器任务、“天宫”空间站飞行任务评估。同时,各航天组织通过结构、组件易损性撞击实验和仿真,对评估模型不断完善,都已建立了较为成熟的易损性评估体系。

4.6.1　NASA

1. HIVAM

超高速撞击易损区域模型(Hypervelocity Impact Vulnerability Aera Model, HIVAM)评估软件基于易损区域和修复时间计算(The Computation of Vulnerable Aera and Repair Time,COVART)评估系统和 FASTGEN 模型(生成包含是否撞击、撞击位置、入射角、组件材料厚度等射击线信息)开发,适用于卫星易损面积和部件损伤的生存力评估,可快速、定量地计算卫星遭遇碎片超高速撞击的易损性面积,为卫星易损性评估和防护设计提供支持,并完成了卫星的威胁元、关键功能、威胁特征以及撞击极限方程和测试、建模和仿真差异比对[40]。

通过集成 FASTGEN 模块,生成在目标三维坐标系下,包含撞击部件位置、撞击角、部件材料、厚度等数据在内的射击线信息,主射击线经过一次撞击后分叉,生成的子射击线的传播方向和范围受到粒子和撞击表面结构的材料、速度、相对撞击角度影响,HIVAM 采用射击线半锥角、速度和前端面密度描述碎片云子射击线分布。

在 HIVAM 评估系统中,部件失效准则包括碎片或次级碎片的撞击动能(用于碎片对关键设备的独立撞击分析)、碎片云撞击冲力(单位面积承受的碎片云动量,用于对薄壁结构部件撞击分析)以及碎片云冲击下部件的速度增量(电子部件)等 3 类。

不同撞击尺寸和速度粒子撞击下部件失效概率数据库通过撞击实验、插值等手段提前预知,评估过程中,部件的临界失效准则和碎片质量、速度等数据分别作为独立输入加载,将每束射击线中粒子直径和速度与数据库进行比较,评估在当次碎片撞击下部件失效概率,HIVAM 评估流程如图 4-22 所示。

2. MSCSurv

为提高国际空间站等载人航天器及航天员的安全性和生存能力评估准确性,

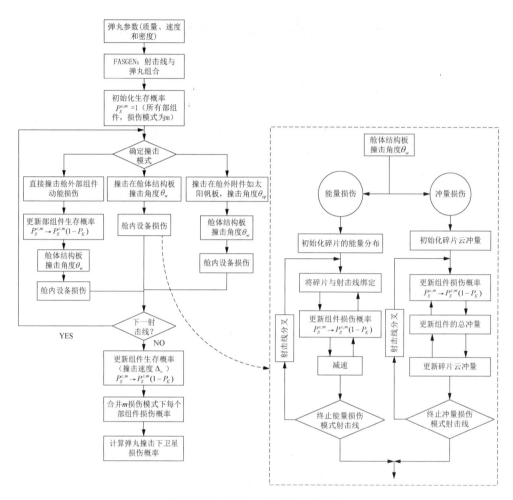

图 4-22   HIVAM 易损性评估流程

降低系统设计规模和代价,1992 年,NASA 马歇尔航天飞行中心联合丹佛大学,成功开发了载人航天器人员生存能力评估软件(Manned Spacecraft Crew Survivability Computer Code,MSCSurv),在 BUMPER 基础上,MSCSurv 评估软件对空间碎片击穿舱体后的击穿效应(包括航天器和航天员)进行深入分析,针对穿孔损伤模式,开展了裂纹无控扩展失效、贮箱或其他舱外压力容器破裂并爆炸失效、舱内关键设备破裂释放有毒或高能物质、航天员缺氧伤亡、舱内航天员被碎片击中、压力脉冲或爆闪损害的二次损伤失效、(穿孔漏气)姿控失效航天员无法逃生等七种失效模式下,空间站、航天员生存力评估,评估流程如图 4-23 所示[30]。

MSCSurv 评估结果,表征了一个比仅利用击穿作为失效判据更低的航天器失效以及航天员死亡的概率,允许设计师在碎片防护设计上采用更低的防护资源代价,同时用于指导防护优化设计和航天员在轨工作模式,应用对象包括和平号空间

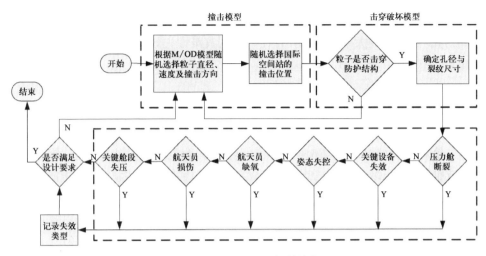

图 4-23　MSCSurv 评估流程

站、国际空间站,航天飞机等。

在 MSCSurv 评估软件中,系统失效概率表征为撞击概率(t 时刻)、撞击事件下的密封舱舱壁击穿概率及击穿事件下的导致航天器失效或航天员伤亡概率的乘积,即

$$P_{\text{Lose/Crew}} = P_{\text{impact}} \times P_{\text{pen/impact}} \times P_{\text{lose/pen}} \qquad (4-31)$$

基于撞击事件满足泊松分布假设,撞击概率代表为 $P_{\text{impact}} = 1 - e^{-N_{\text{impact}}}$,其中 N_{impact} 为撞击到舱体上的碎片总数;同理,穿孔概率 $P_{\text{pen}} = P_{\text{impact}} \times P_{\text{pen/impact}}$,可代表为 $P_{\text{pen}} = 1 - e^{-N_{\text{pen}}}$,其中 N_{pen} 为穿孔碎片总数,P_{impact} 和 P_{pen} 通过 NASA 的 BUMPER 软件进行验证。

以此类推,航天器失效、航天员伤亡概率可表达为 $P_{\text{Lose/Crew}} = 1 - e^{-N_{\text{Lose/Crew}}}$,$N_{\text{Lose/Crew}}$ 为导致航天器失效、航天员伤亡碎片总数。

其中,R 因子为导致航天员伤亡的击穿事件占所有击穿事件的百分比,则可 BUMPER 非击穿概率 PNP 分析的基础上,开展空间碎片环境下航天器非灾难性失效概率(probability of no catastrophic failure,PNCF),其表达式如下所示:

$$\text{PNCF} = \text{PNP}^R = (1 - P_{\text{pen}})^R \qquad (4-32)$$

其中,P_{pen} 代表击穿概率(probability of penetration),$P_{\text{pen}} = 1 - \text{PNP}$,由于通常 $P_{\text{pen}} \ll 1$,故上式可转化为

$$\text{PNCF} = 1 - R \cdot P_{\text{pen}} \qquad (4-33)$$

对应灾难性失效概率 PCF(probability of catastrophic failure)即 $P_{\text{Lose/Crew}}$,可表达为

$$\text{PCF} = P_{\text{Lose/Crew}} = 1 - \text{PNCF} = 1 - \text{PNP}^R \qquad (4-34)$$

因此,利用 MSCSurv 开展生存力评估计算,可在 BUMPER 完成非击穿概率

PNP 基础上,通过求解 R 因子,即引起灾难性失效的碎片数量在所有穿孔碎片数量的占比(粒子直径大于临界穿孔直径),得到灾难性失效概率[30]。

4.6.2 ESA

1. ESABASE/DEBRIS

ESABASE/DEBRIS 是由欧空局(ESA)开发的用于空间碎片环境下航天器撞击次数和失效风险评估软件,ESABASE 基于空间碎片环境模型和损伤模式,由二维表面单元组成舱体结构三维模型,并考虑不同舱段之间的遮挡效应,使用蒙特卡罗方法和射击线跟踪法分析撞击通量和失效概率(针对每个表面单元上随机选择的撞击点,根据通量模型中碎片的空间和速度分布,随机生成用户指定数量的方向随机的撞击射线),对于每一条射线以及特定防护结构,可得到失效模式对应的粒子临界直径和射线上粒子通量,且支持对超出临界穿孔直径的撞击粒子对应的裂纹尺寸和击穿孔径计算[6,7]。

ESABASE2/DEBRIS 可兼容 NASA91、ORDEM2000、MASTER2001、MASTER2005、MASTER2009、ORDEM3.2 等 6 类空间碎片模型和 Divine – Staubach、MEM、LunarMEM 和 Meteoroid stream MM/ODel 等 4 类微流星体模型。系统包括考虑轨道摄动的轨道演化模块、三维建模模块(可自定义防护结构构型及材料属性参数,航天器及部件的姿态和指向变化)、考虑遮挡效应的射线跟踪算法,同时新版本对碎片二次撞击舱体表面效应分析模块进行了升级[7]。

ESABASE2/DEBRIS 易损性评估系统基于 SRL(Schäfer – Ryan – Lambert)方程和 FTA 理论开发,在完成部组件生存力分析基础上,根据部组件失效与子系统功能失效的逻辑关系,计算得到航天器系统级失效概率,如图 4 – 24 所示[7]。

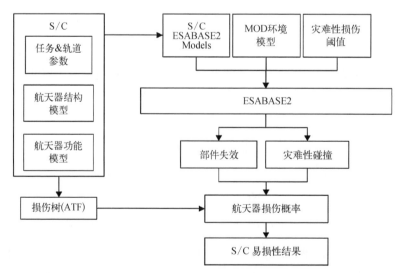

图 4 – 24　基于 ESABASE2/DEBRIS 的航天器易损性评估流程图

2. PIRAT

PIRAT(Particle Impact Risk and Vulnerability Assessment Tool)撞击风险和易损性评估软件基于 SRL 方程、部件损伤阈值和故障树 FTA 理论开发,用于开展典型卫星部件设备(包括舱内和舱外)及系统级易损性评估,评估流程如图 4-25 所示[41]。

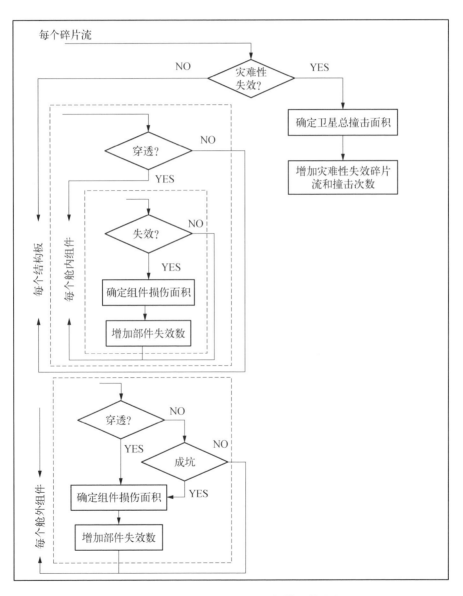

图 4-25　PIRAT 的航天器易损性评估流程

考虑部件失效对系统级生存力的影响,研究人员根据撞击后果定义 2 种撞击事件。

(1)非致命撞击:撞击只引起部件损坏,可通过撞击极限方程进行评估;在评估过程中,对舱内设备和舱体结构、舱外设备组件分别建模进行建模、评估计算,对于舱外设备,一般等效为薄铝单板结构,选用 C - P(Cour - Palais)撞击极限方程或 SRL 方程。舱内设备选用 SRL 撞击极限方程,且考虑二次碎片云在舱内的增长和传递及对组件的撞击作用效应(只考虑沿撞击方向的主碎片云,忽略了碎片云膨胀),遮挡则只考虑外部太阳电池翼、天线等部组件对舱体(防护)结构的遮挡效应。

(2)致命撞击:撞击结构或主任务载荷等引起系统级失效,需通过定义损伤阈值进行评估,研究人员定义了引起系统级失效的撞击(如撞击主结构、卫星平台主要部组件)粒子临界直径;此外,通过定义撞击碎片的能量、引入能量质量比阈值(40 J/g)对卫星解体失效模式进行评估[42]。

4.6.3　中国

1. S³DE

航天器生存力评估软件—S³DE(Survivability of Spacecraft in Space Debris Environment)由哈尔滨工业大学开发,S³DE 根据实验和仿真数据,采用等效铝板厚度替代舱内电子设备结构设计,建立了部组件易损性模型,并基于系统可靠性 FMEA 和 FTA 理论,建立了部组件易损性和系统易损性的逻辑关系。S³DE 支持用户设置航天器不同的飞行姿态,具备对压力容器、电子机械设备及舱体结构开展易损性评估,同时支持用户选择并编辑单层结构、Whipple 结构、填充式 Whipple 结构以及蜂窝结构等 4 类典型防护结构参数。软件以"墨子号"卫星为例,完成了舱内外部组件易损性评估和整星生存力评估,S³DE 评估系统易损性评估流程如图 4 - 26 所示[43,44]。

2. MODAOST

MODAOST 撞击风险评估与防护设计软件已经在第 2 章进行了介绍,该软件已成为国内航天器型号任务碎片撞击风险评估与防护设计的主要工具和手段[45,46]。

随着精准评估要求越来越高,在原有功能模块基础上,MODAOST 逐步发展了密封舱结构"撞击极限方程""穿孔孔径计算模块""裂纹长度计算模块"等数据库模块及对应的失效判据模块,如图 4 - 27 所示,目前已初步具备"密封舱气体泄漏航天员缺氧"、"密封舱断裂"和"载人航天器解体"等三类典型灾难性失效模式下系统级易损性评估功能。通过在撞击特性数据库求解临界穿孔直径,作为航天员缺氧失效模式的判据,针对不同尺寸、方向和速度的空间碎片及其撞击概率,只需完

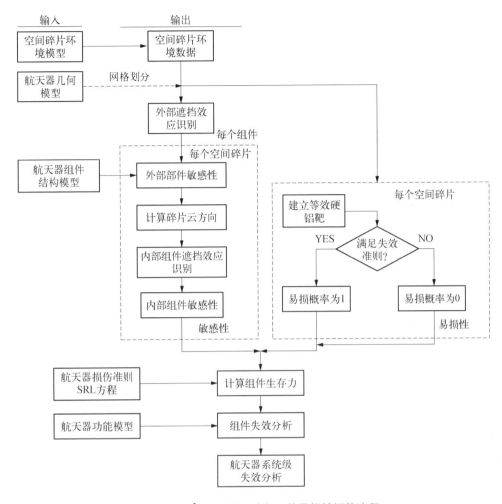

图 4－26　S³DE 评估系统部组件易损性评估流程

成穿孔孔径计算并与判据比对即可完成对本次撞击事件的评估,相较于蒙特卡洛法对每个撞击碎片都需完成该次撞击事件的逃生时间、再与临界逃生时间比对的评估方法,计算和评估效率大大提高。

3. TVAS

中国空气动力研究与发展中心通过采用射线跟踪法计算部件的命中概率 p_h,以及系统功能 FMEA、FTA 理论,开展了航天器易损性分析研究,并初步研制了一套基于射线跟踪法的航天器内部部件撞击损伤易损性分析软件 TVAS(Target Vulnerability Analysis Software)分析流程主要如图 4－28 所示[47,48];

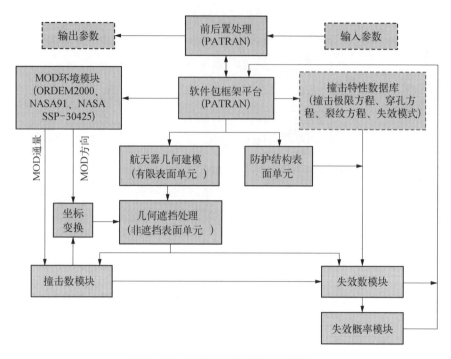

图 4－27　**MODAOST 评估软件框架**

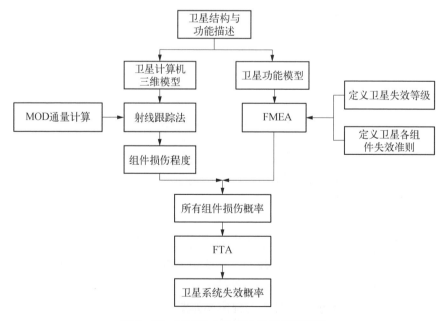

图 4－28　**基于射击线跟踪的易损性评估**

参考文献

［1］ 李向东,杜忠华.目标易损性[M].北京：北京理工大学出版社,2013.

［2］ Ball R E. The Fundamentals of Aircraft Combat Survivability Analysis and Design[M]. AIAA, 2003.

［3］ Graves R. Space Station Meteoroid and Orbital Debris Survivability[C]. Denver：43rd Structure, Structural dynamics and materials Conference, 2002.

［4］ 姜东升,郑世贵,马宁,等.空间碎片和微流星体对卫星太阳翼的撞击损伤及防护研究[J].航天器工程,2017,2(26)：114-120.

［5］ 曾声奎,赵廷弟,张建国,等.系统可靠性设计分析教材[M].北京：北京航空航天大学出版社,2000.

［6］ Grassi L, Tiboldo F, Destefanis R, et al. Satellite Vulnerability to Space Debris：an Improved 3D Risk Assessment Methodology[J]. Acta Astronautica, 2014, 99(1)：283-291.

［7］ Gäde A, Miller A. ESABASE2/DEBRIS Release 7. 0,Technical Description：ESA Contract 16852/02/NL/JA[R]. Etamax Space GmbH, 2015.

［8］ 李庆珍.卫星结构关重件易损性分析[D].南京：南京理工大学,2014.

［9］ Ryan S, Schäfer F, Destefanis R. A Ballistic Limit Equation for Hypervelocity Impacts on Composite Honeycomb Sandwich Panel Satellite Structures[J]. Advances in Space Research, 2008, 41, 1152-1166.

［10］ Rudolph M, Welty N. Extending the Applicable Range of the SRL Ballistic Limit Equation to Oblique Hypervelocity Impacts：ESA SP-691[R]. Nordwijk：12th European Conference on Space Structures material & Environmental Test, 2012.

［11］ Schäfer F K, Ryan S, Lambert M, et al. Ballistic Limit Equation for Equipment Placed Behind Satellite Structure Walls[J]. International Journal of Impact Engineering, 2008, 35(12)：1784-1791.

［12］ Nebolsine P E, Lo E Y, et al. Satellite Component Vulnerability Model[C]. Huntsville：Space Program and Technologies Conference, 1996.

［13］ Ipson T W, Rodney F R, et al. Vulnerability of Wires and Cables：NWC-TP-5966[R]. California：Denver Research Institute, 1977.

［14］ Fukushige S, Akahoshi Y, Kitazawa Y, et al. Comparison of Debris Environment Models：ORDEM2000, MASTER2001 and MASTER2005[J]. IHI Engineering Review, 2007, 40(1)：31-41.

［15］ Drolshagen G. Hypervelocity Impact Effects on Spacecraft[R]. Kiruna：Proceedings of the Meteoroids 2001 Conference, 2001.

［16］ Fukushige S, Akahoshi Y, Watanabe K, et al. Hypervelocity Impact Test to Solar Array for Evaluation of Possibility of Sustained Arc[C]. Kanazawa：Proceedings of the 25th International Symposium on Space Technology and Science, 2006.

［17］ Katz I. Mechanism for Spacecraft Charging Initiated Destruction of Solar Arrays in GEO[C]. Reno：36th Aerospace Science Meeting, 1998.

［18］ Payan D, Schwander D, Catani J P. Risks of Low Voltage Arcs Sustained by the Photovoltaic Power of a Satellite Solar Array During an Electrostatic Discharge. Solar Array Dynamic Simulator[R]. Noordwijk：7th Spacecraft Charging Technology Conference, 2001.

[19]　Chen S, Sekiguchi T. Instantaneous Direct-Display System of Plasma Parameters by Means of Triple Probe[J]. Journal of Applied Physics, 1965, 36(8): 2363 – 2375.

[20]　IADC WG3 members. Spacecraft Component Vulnerability for Space Debris Impact[R]. IADC, 2017.

[21]　Schäfer F, Ryan S, Lambert M, et al. Ballistic Limit Equation for Equipment Placed Behind Satellite Structure Walls[J]. International Journal of Impact Engineering, 2008, 35(12): 1784 – 1791.

[22]　Schäfer F, Putzar R, Lambert M. Vulnerability of Satellite Equipment to Hypervelocity Impacts [R]. Glasgow: 59th International Astronautical Congress, 2008.

[23]　Kerr J H, Lyons F, Henderson D, et al. Hypervelocity Impact Testing of International Space Station Primary Power Cables[C]. 50th Meeting of the Aeroballistic Range Association, 1999.

[24]　Lyons F. Coaxial Cable Test Results[R]. SA HVIT report JSC – 66712, 2014.

[25]　Read J. C&DH Wire Harness Hypervelocity Test Results[R]. NASA HVIT report JSC – 66971, 2016.

[26]　Lyons F. ISS Lithium Ion Battery Hypervelocity Impact Test Evaluation[R]. NASA HVIT test report JSC – 66713, 2016.

[27]　张永, 霍玉华, 韩增尧, 等. 卫星高压气瓶的超高速撞击试验[J]. 中国空间科学技术, 2009, 29(1): 56 – 61.

[28]　庞贺伟, 龚自正, 张文兵, 等. 航天器舷窗玻璃超高速撞击损伤与 M/OD 撞击风险评估 [J]. 航天器环境工程, 2007, 24(3): 135 – 139.

[29]　杨继运, 马子良, 陈金刚, 等. 航天器微米级空间碎片撞击特性数据库开发[J]. 空间碎片研究, 2017, 17(2): 22 – 26.

[30]　Williamsen J E. Vulnerability of Manned Spacecraft to Crew Loss from Orbital Debris Penetration[R]. NASA TM – 108452, 1994.

[31]　王儒策, 赵国志. 弹丸终点效应[M]. 北京: 北京理工大学出版社, 1993.

[32]　陈善广, 姜国华, 王春慧. 航天人因工程研究进展[J]. 载人航天, 2015, 2(21): 95 – 105.

[33]　虞学军, 贾司光, 陈景山. 复合因素作用下人体功能状态的评价[J]. 航天医学与医学工程, 1991, 3(4): 185 – 192.

[34]　王芳, 冯顺山, 范晓明. 冲击波作用下目标毁伤等级评定的等效靶方法研究[C]. 第九届全国爆炸与安全技术学术会议论文集, 2006(9): 15 – 19.

[35]　陈信, 袁修干. 人机环境系统工程生理学基础[M]. 北京: 北京航空航天大学出版社, 2000.

[36]　贾司光, 梁宏. 航空与航天大气环境医学工程及其进展[J]. 航空学报, 2001, 22(5): 390 – 395.

[37]　庞诚, 顾鼎良. 高温环境与工作效率[J]. 自然杂志, 1991, 14(2): 129 – 133.

[38]　肖华军. 航空供氧防护装备生理学[M]. 北京: 军事医学科学出版社, 2005.

[39]　朱秀庆, 姜国华, 刘玉庆. 航天员空间失定向影响因素与对策[J]. 军事体育学报, 2016, 35(2): 1 – 5.

[40]　Nebolsine P E, Lo E Y, Svenson D, et al. Satellite Component Vulnerability Model[R]. Huntsville: Space Program and Technologies Conference, 1996.

[41]　Kempf S, Schäfer F. Risk and Vulnerability Analysis of Satellites Due to MM/SD with PIRAT

［R］. Darmstadt：6th European Conference on Space Debris，2013.

［42］ Kempf S，Schäfer F K，Cardone T，et al. Simplified Spacecraft Vulnerability Assessments at Component Level in Early Design Phase at the European Space Agency's Concurrent Design Facility［J］. Acta Astronautica，2016(129)：291－298.

［43］ 马振凯.空间碎片环境中的航天器生存力评估［D］.哈尔滨：哈尔滨工业大学,2017.

［44］ 宋张弛.基于射击线法的空间碎片撞击航天器生存力评估［D］.哈尔滨：哈尔滨工业大学,2018.

［45］ 郑世贵,韩增尧,闫军,等.空间碎片失效概率分析软件标准校验与初步应用［J］.航天器工程,2005,14(2)：65－74.

［46］ 韩增尧,郑世贵,闫军,等.空间碎片撞击概率分析软件开发、校验与应用［J］.宇航学报,2005,26(2)：228－232.

［47］ 周智炫,黄洁,任磊生,等.卫星在空间碎片撞击下的易损性分析方法研究［J］.实验流体力学,2014,28(3)：87－92.

［48］ 周智炫,柳森,任磊生,等.一种基于易损性分析的空间碎片撞击风险评估方法［R］.贵州：第九届全国空间碎片学术交流会,2017.

第 5 章
国外航天器空间碎片防护实践

自 20 世纪 60 年代,航天器的防护开始引起人们的重视,不过当时对空间环境的认识并不深入,主要考虑微流星体防护问题。以美国阿波罗登月计划为代表的载人飞行任务拉开了航天器防护的序幕,经过大量的分析设计、地面试验和飞行验证,为阿波罗登月任务的顺利实施提供了有力保障。阿波罗任务所积累的工程经验和方法为后续的载人航天任务,如航天飞机、国际空间站等,奠定了重要基础。

随着人类航天活动的日趋频繁,空间碎片问题变得越来越突出,特别是对地球轨道上运行的航天器构成了严重威胁。航天器的防护设计不仅仅只考虑微流星体撞击的风险,还要考虑人类活动产生空间碎片的影响,而且后者的影响逐渐超过了前者。第 1 章中航天器遭遇空间碎片撞击的例子比比皆是,撞击风险越来越高,已经发展到非防护不可的地步。随后航天器的防护设计把微流星体和空间碎片的防护统筹考虑进来,数十年的工程实践证明,考虑空间碎片防护设计的航天器均能较好地完成既定任务,甚至还大大超过了预期服役时间。

在国外的航天器防护工程实践中,以国际空间站为背景开展的空间碎片防护研究最为系统深入,多个航天国家和组织深度参与国际空间站的建设,并在空间碎片防护研究和工程应用方面开展了各具特色的工作。除载人航天器外,深空探测器和卫星的空间碎片防护研究也在逐步加强,在多个飞行任务当中开展了应用,有效提高了其在轨生存能力。

在航天器防护设计中,考虑空间碎片撞击的防护设计指标分配是所有工作的依据,风险评估、防护设计、试验仿真等诸多工作均须围绕该指标开展并不断迭代完善。由于航天器的任务存在较大的差异,防护设计指标也不尽相同。一般来讲,载人航天器的防护设计指标要高于非载人航天器。表 5-1 给出美国不同航天器的空间碎片防护技术指标要求。

在防护指标的工程约束下,工程设计人员围绕载人航天器、深空探测器和卫星开展了数十年的研究和工程应用实践,下面将分别进行介绍,最后对国外的航天器防护设计要求进行了总结。

表 5-1　美国不同航天器的防护设计要求[1]

航天器	考虑的环境	失效模式	非失效概率
Apollo 指挥服务舱	微流星体	宇航员死亡/飞行器失效(严重的防热瓦损伤等)	0.996(每次 8.3 天探月任务)
Skylab 天空实验室	微流星体	宇航员死亡/飞行器失效(压力舱壳体损伤等)	0.995(8 个月的飞行任务)
航天飞机	微流星体及空间碎片	宇航员死亡/飞行器失效(严重的防热瓦损伤等)	0.995(每次飞行任务)
		任务失败(辐射器泄漏引起的任务失败等)	0.984(每次飞行任务)
GLAST 空间望远镜	微流星体及空间碎片	任务失败(发生光泄漏)	0.99(5 年飞行任务)
哈勃空间望远镜	微流星体及空间碎片	任务失败(发生光泄漏)	0.95(2 年飞行任务)
国际空间站	微流星体及空间碎片	任务失败、宇航员死亡/飞行器失效(压力舱舱壁击穿)	0.98~0.998(10 年任务期间每个舱段)
		任务失败、宇航员死亡/飞行器失效(压力舱舱壁击穿)	0.76(10 年任务期间所有关键单元)
		宇航员死亡	0.95(10 年任务)
CEV 载人飞行器	微流星体及空间碎片	飞行器失效(严重的防热瓦损伤等)	0.993(在国际空间站 5 年任务期间)
		飞行器失效(严重的防热瓦损伤等)	0.999 8(每次探月任务)

5.1　载人航天器

5.1.1　Apollo 任务

美国的 Apollo 登月任务为航天器微流星体的防护工作奠定了重要基础[2]。1964 年,美国为 Apollo 任务设立了专门的微流星体防护分系统办公室,并在办公室的组织下开展了严密的分析设计和试验研究工作,通过大量超高速地面撞击试验,获得了金属结构、蜂窝夹层结构、热防护结构、舷窗玻璃等不同部件的撞击特性。该项工作于 1967 年第四季度才圆满完成。Apollo 任务早期的防护指标设定较高,但对 Apollo7 至 Apollo17 之间的 11 次任务进行风险评估后结果显示,任务成功的概率仅为 0.914 9,并未满足 0.996 的设计要求。

Apollo 登月任务主要考虑三类风险:推进剂的贮箱泄漏或者解体、辐射器管路发生泄漏、热防护结构被损坏及舷窗玻璃产生裂纹。为了降低上述风险,在构型设计时将服务舱的贮箱大部分区域处于外层结构的屏蔽保护之中,只有底部的一小部分区域易暴露,于是采用了蜂窝夹层板进行防护。在登月舱上升段的乘员舱及贮箱外面,间隔 5 cm 安装有 0.004~0.008 英寸的防护屏,并在中间增加了一层填充层。

Apollo 任务的微流星体防护设计和试验分析在第一次探月飞行前 10 个月完成,在长达三年多的研究过程中取得了丰硕成果,这些成果为后续的天空实验室、航天飞机及国际空间站的防护设计奠定了坚实基础。

5.1.2 航天飞机

美国的五架航天飞机共执行 135 次任务,其中两架发生解体事故,造成了 14 名宇航员罹难。航天飞机任务持续时间大多在 10~20 天之间,因其飞行次数多、暴露面积大,遭遇空间碎片撞击的风险也很大。每次航天飞机返回后进行检测表明,空间碎片撞击对防热瓦、舱窗玻璃及辐射器管路等造成严重威胁。航天飞机在最初设计时设定的空间碎片防护指标是 500 次飞行任务发生严重击穿的风险低于 5%,但该设计要求从未满足过,即使是只考虑微流星体的情况下也不能满足要求[3]。风险评估显示,航天飞机执行 100 次任务发生严重击穿的风险为 30%。为了降低空间碎片撞击的风险,航天飞机采取了一系列措施,比如尽量缩短航天飞机在轨的飞行时间、减少航天飞机的飞行次数以降低累计风险、对薄弱环境进行局部加强、增加在轨监测和维修及系统规划航天飞机任务期间在空间站的位置及姿态等。

航天飞机的在轨姿态对其遭遇空间碎片撞击风险影响很大,NASA 评估了航天飞机各种飞行姿态下的遭受空间碎片撞击导致穿透的风险,见图 5-1,根据评估

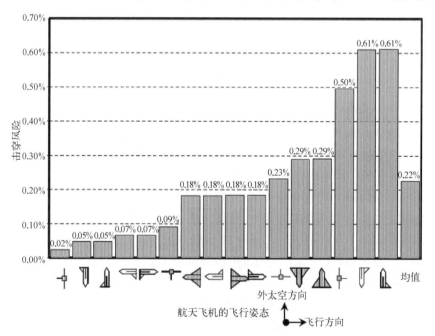

图 5-1 航天飞机不同姿态的风险评估结果

评估工况: 航天飞机在轨年份 2000 年、飞行 10 天、高度 500 km、倾角 51.6°

结果选择合适的飞行姿态。从图中可以看出,不同姿态的风险最高可以相差 30 倍,这为航天飞机后续的在轨飞行提供了重要的安全建议。

在风险评估过程中发现,航天飞机机翼前缘为增强型碳-碳复合材料,一旦发生穿透,则穿透孔洞将会在返回过程中与周围气体发生相互作用,这将给返回过程的防热及控制带来严重挑战。为此,NASA 采用了图 5-2 所示的防护方案,采用 Nextel 陶瓷纤维层增强防护,将机翼前缘的失效撞击风险降低了三分之二。

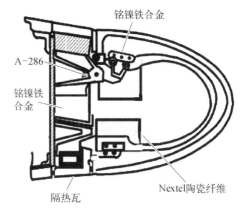

图 5-2　航天飞机轨道器机翼前缘内部剖面图

航天飞机曾遭受的最严重的一次撞击事件是亚特兰大号在 STS-86 次飞行中遇到的,撞击在多层硬质管路上留下凹坑,撞击处内壁发现小面积崩落碎块,表明管路壁差点被穿透并导致氟利昂冷却剂的泄露。航天飞机主要采用两种散热器热防护方案:一是给散热器回路增加增强覆板,可将由散热器因撞击泄露造成的任务提前终止风险降低了五分之四,见图 5-3;二是采用 β 布对外部散热器管进行包覆。

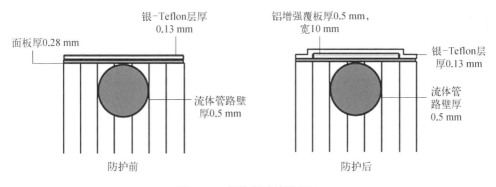

图 5-3　散热器防护增强层

5.1.3　国际空间站

国际空间站是截至目前航天领域规模最大的国际合作项目,参与国家和组织多达 16 个。国际空间站的防护设计要求为 10 年非穿透概率大于 0.81(图 5-4),即穿透概率小于 19%,防护能力最强的部位能够抵御直径为 1 cm 的铝球撞击。国际空间站各舱段的 1 cm 以上空间碎片撞击概率分析结果见图 5-5,图中可以看出,各个部位空间碎片撞击风险的差异很大。因各舱段表面积、运行时间及非击穿可靠性要求不同,根据各自的结构及撞击概率按照可靠性要求采取了不同的防护方案,共采用了 400 多种防护结构设计,见图 5 - 6。

关键部段名称	表面积/m²	在轨时间/年	PNP指标			
Node 1	81.20	10yr	0.9925			
PMA 1	20.00	10yr	0.9946			
PMA 2	13.60	10yr	0.9946			
PMA 3	13.60	10yr	0.9946			
CMGs *	20.00	10yr	0.9955			
Lab	133.80	10yr	0.9930			
Airlock /HP Gas Tanks	74.60	10yr	0.9900	0.92		
Contactor Xenon Tanks	7.30	10yr	0.9955			
TCS Comp	15.30	10yr	0.9955			
Node 2	94.70	10yr	0.9925			
Cupola	94.70	10yr	0.9980			
TCS Comp	15.30	10yr	0.9955			
Centrifuge *	133.80	10yr	0.9856*			
Hab	133.80	10yr	0.9820		0.90	
CTV#1 *			TBD **			
MPLM	94.85	800days	0.9935	0.9935		
ESA APM	113.29	10yr	0.9861	0.9861		
ESA ATV *			0.9973* **			
JEM ELM PS	77.00	10yr	0.9856	0.9737		
JEM PM	174.20	10yr	0.9822			0.81

	表面积/m²	15年PNP指标	等效10年 PNP指标			
FGB	117.20	0.9790	0.9863			
Service Module	140.00	0.9760	0.9837			
universal Docking Module	117.20	0.9790	0.9863			
Docking Compartment	30.40	0.9953	0.9964 ***			
SPP-1	58.00	0.9910	0.9932 ***			
SPP-2	36.10	0.9944	0.9958 **&***			
Research module (RM-1)	75.80	0.9883	0.9911			
Research module (RM-2)	75.80	0.9883	0.9911		0.90	
LS Module	74.90	0.9884	0.9912			
Research module (RM-3)	75.80	0.9883	0.9911			
B LTV-Progress /M-/	117.20	0.9790	0.9863 **&***			

图 5 - 4　国际空间站各个舱段的非穿透概率分配指标

1. 欧空局哥伦布舱的防护方案

哥伦布舱的空间碎片防护系统是由阿斯特里姆(Astrium)公司在法国设计制造完成的,由两种不同类型共 81 块防护板组成,分别是简单 Whipple 防护结构和填充式 Whipple 防护结构,见图 5 - 7。简单 Whipple 防护结构的防护屏为 1.6 mm

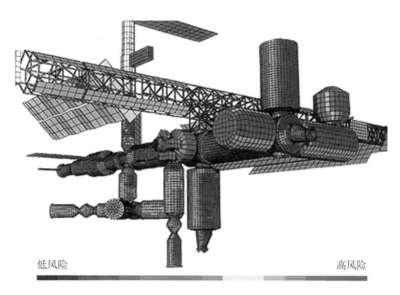

低风险　　　　　　　　　　　　　　　　　　　　　　高风险

图 5‑5　国际空间站空间碎片撞击风险(后附彩图)

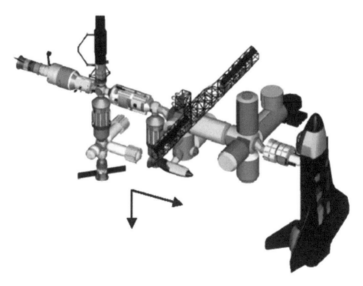

图 5‑6　国际空间站不同防护结构类型

厚的铝板,主要用于舱段侧面和内锥;填充式 Whipple 防护结构由 2.5 mm 厚的防护屏铝板和 18 层 Kevlar 及 4 层 Nextel 叠合的填充层组成,铝板与填充层之间有几厘米的间距,主要用于舱段正面和外锥。无论是简单 Whipple 防护结构还是填充式 Whipple 防护结构,均距压力舱舱壁数厘米处安置。

　　2. 美国实验舱的防护方案

　　美国实验舱防护区域分布见图 5‑8,图中密封舱舱壁为 4.8 mm 厚的铝合金,

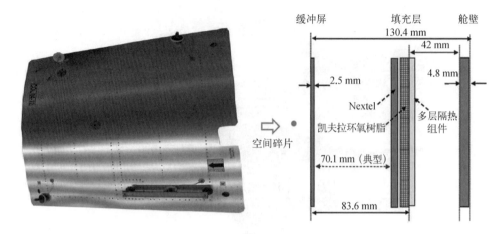

图 5-7   哥伦布舱填充式防护结构

牌号为 2219T87,总表面积为 133.8 m²。考虑柱段不同位置撞击风险的不同,在柱段的天顶和对地方向采用了 Whipple 防护结构,防护屏材料为铝合金 6061T6,厚度 2 mm,与舱壁间距为 10.7 cm,并将处在飞行方向正面的锥段防护间距增加至 22.2 cm。柱段的侧面属于空间碎片撞击高风险区,采用了填充式 Whipple 防护结构。经上述防护后实验舱的 10 年非击穿概率指标可高达 0.99。

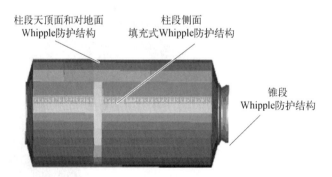

图 5-8   美国实验舱防护区域分布图

3. 俄罗斯服务舱的防护方案

俄罗斯服务舱的防护区域分布见图 5-9,密封舱舱壁为 1.6 mm 或 2 mm 厚的铝合金,牌号为 AMG6(与国内牌号 5A06 大体对应),总表面积为 140 m²。舱段采用了 Whipple 防护结构,防护屏为 1 mm 厚的铝合金,牌号也为 AMG6,防护屏与舱壁间距为 5 cm。在国际空间站设计早期,美国和俄罗斯采取的评估工具并不统一,防护指标的要求也不一致,使得俄罗斯舱段的空间碎片防护设计指标普遍比较低,因此在发射后的几年内不得不通过宇航员多次加装防护板以提高其防护能力,付出了较为高昂的代价。

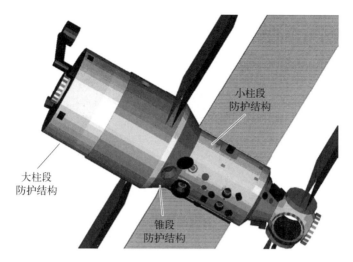

图 5 - 9　俄罗斯服务舱(SM)防护区域分布图

4. 自主转移飞行器的防护方案

自主转移飞行器(Automated Transfer Vehicle, ATV)为自主无人航天器,由欧空局研制,负责将有效载荷运输至国际空间站,每次载重量为 9 吨。此外,ATV 还承担着维持国际空间站的轨道高度以及带走国际空间站生活垃圾的任务。由于 ATV 与俄罗斯服务舱对接后需要留轨半年多时间,因此在设计过程中也充分考虑了对空间碎片的防护。图 5 - 10 给出了 ATV 外形图,共有三个舱段,分别是压力舱、电子舱和推进舱;图 5 - 11 为 ATV 的电子舱和推进舱装配完毕后的情况,Whipple 防护结构清晰可辨;表 5 - 2 给出 ATV 局部防护结构参数情况。

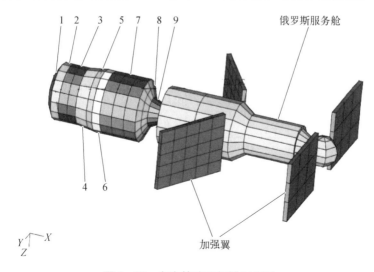

图 5 - 10　自主转移飞行器(ATV)

图 5-11 ATV 的电子舱和推进舱

表 5-2 防护结构类型及参数

位置编号	ATV 部位	表面积/m²	防护屏厚度/cm	MLI 厚度/cm	舱壁厚度/cm	间距/cm	后墙屈服强度/ksi
1	推进舱连接锥段	14.0	0.08	0.022	0.25	4.0	57
2	推进舱下柱段	7.7	0.08	0.022	0.42	9.66	57
3	推进舱上柱段	16.8	0.08	0.022	0.33	9.66	57
4	电子舱下柱段	12.1	0.20	–	0.34	10.4	57
5	电子舱上柱段	6.2	0.10	–	0.34	10.4	57
6	柱段	8.4	0.12	0.022	0.30	12.8	57
7	密封舱柱段	38.3	0.12	0.022	0.30	12.8	47
8	锥段 2	13.2	0.12	0.022	0.25	12.15	47
9	锥段 1	5.0	0.12	0.022	0.30	12.8	47

受运载工具整流罩包络尺寸(直径 4.4 m)及太阳翼与辐射器等其他分系统的限制,ATV 所采用的 Whipple 防护结构一般保持 50~130 mm 间距。在与其他分系统的交界处,采用了改变防护结构间距及缓冲屏挖孔等手段进行局部修正。对于整个 ATV 外表面,约有 39 m² 覆盖了防护结构,12 m² 未加防护。由于 Whipple 防护屏很薄,弯曲刚度很低,容易产生变形,对外缓冲屏还进行了波纹状工艺处理。采用了上述防护设计方案后,ATV 的非击穿概率高达 0.998 14。

5. 日本实验舱的防护方案

日本实验舱（Japanese Experiment Module，JEM）由日本研制，分配 PNP 指标为 0.973 8，其中增压舱为 0.981 4，实验舱为 0.992 2。根据防护指标要求，JEM 舱采用了两种不同的防护构型，其外形及防护情况如图 5－12 所示。Whipple 防护结构的防护屏厚度为 1.27 mm；填充式 Whipple 防护结构包括外防护屏和中间填充层，填充层由铝网、三层 Nextel AF62 陶瓷纤维布、四层的 Kevlar 710 纤维布及一层 MLI 结构组成，如图 5－13 所示。图 5－14 给出了

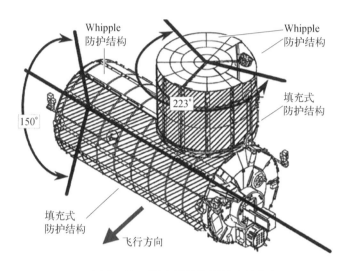

图 5－12　JEM 舱结构及其防护方案

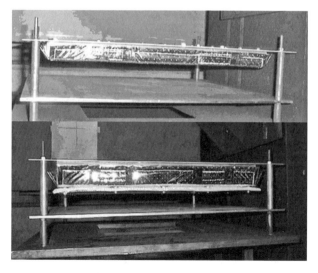

图 5－13　防护结构示意图（上为 Whipple 防护结构，
下为填充式防护结构）

JEM 舱采用的两种防护结构的撞击极限曲线,表 5 - 3 则给出地面超高速撞击试验得到的两种防护结构的防护能力。经过上述防护设计,JEM 舱达到设计指标要求[4]。

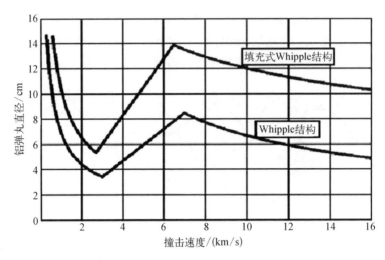

图 5 - 14   JEM 舱防护结构撞击极限曲线

表 5 - 3   结构防护能力

碎片速度/(km/s)	Whipple 防护结构 临界直径/mm	填充式防护结构 临界直径/mm
3	3.5	6.0
4	4.5	8.1
5	6.0	10.8
6	7.1	12.5
7	8.3	13.5

6. 国际空间站推进系统防护方案

国际空间站推进系统包括主推进系统和辅助推力系统,主要为国际空间站提供轨道保持、轨道机动及姿态控制。考虑到推进系统的特殊性和易损性,不但将各贮箱在物理上分离,还对其进行了重点防护,详见图 5 - 15。防护结构主要采用铝材料,防护屏与后墙的间距为 4~8 英寸,且很容易拆卸,既有利于防护结构自身的更换,又有利于维修内部器件。

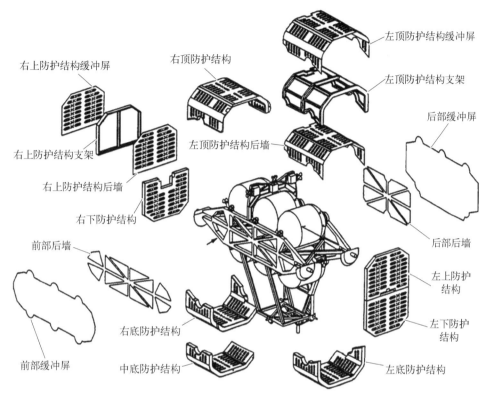

图 5-15　国际空间站推进舱防护系统分解图

5.2　空间探测器

5.2.1　星尘号彗星探测器

1999 年 2 月 9 日,美国 NASA 的星尘号彗星探测器成功发射。2004 年 1 月,该探测器近距离飞过 Comet Wild 2 彗星并穿越彗尾,探测器上的尘埃采集器成功捕获到彗星物质粒子。2006 年 1 月,探测器携带采集样本成功返回地球。由于星尘号探测器需要穿越彗尾,因此结构设计上专门加装了 Whipple 防护结构,具体见图 5-16、图 5-17。

5.2.2　CONTOUR 彗星探测器

CONTOUR 彗星探测器由美国喷气推进实验室研制,于 2002 年 7 月 3 日发射。该探测器预计在飞行过程中与三个彗星进行交会并最大程度接近彗核,交会速度分别达到 11 km/s、25 km/s、32 km/s。虽然该探测器在发射入轨后不久即解体失效,但在防护设计中采用了多冲击防护屏结构,如图 5-18 所示,可以抵御直径为 0.79 cm 的弹丸在 7 km/s 速度下的撞击。

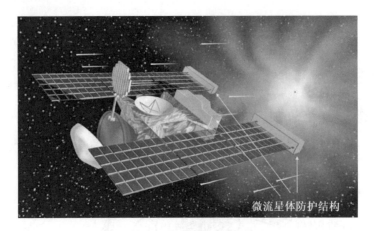

微流星体防护结构

图 5-16 星尘号探测器示意图

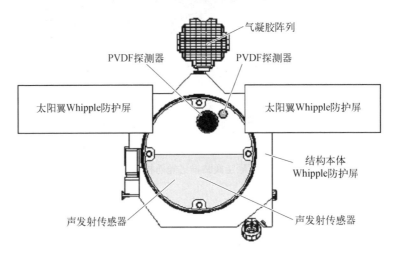

气凝胶阵列

PVDF探测器   PVDF探测器

太阳翼Whipple防护屏   太阳翼Whipple防护屏

结构本体
Whipple防护屏

声发射传感器   声发射传感器

图 5-17 星尘号探测器结构轮廓图

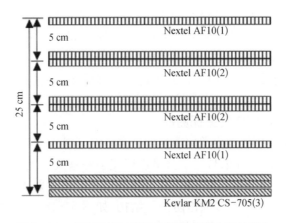

Nextel AF10(1)

5 cm

Nextel AF10(2)

5 cm

Nextel AF10(2)

5 cm

Nextel AF10(1)

5 cm

Kevlar KM2 CS-705(3)

25 cm

图 5-18 CONTOUR 彗星探测器多冲击防护结构

5.3　人造地球卫星

5.3.1　加拿大雷达星

RADARSAT(简称雷达星)是加拿大和美国联合研制的三轴稳定微波遥感卫星,采用太阳同步的晨昏轨道设计,轨道高度 794 公里,倾角 98.5°。第一颗雷达星于 1995 年 12 月发射升空,卫星在设计之初即考虑了空间碎片的防护设计,并针对相应部件开展了地面超高速撞击试验,依据试验的结果完善了防护设计方案[5]。卫星的迎风面 1.8 米宽、3.1 米高,经过风险评估得到 5 年内迎风面受到 1 毫米撞击的概率达到 70%;而且由于很多设备安装在服务舱的外面,易损性更加突出。初步的设计显示,5 年寿命期间生存概率仅为 50%。为了改进完善设计,设计人员开展了多项工作:

(1) 在多层包覆中增加一层 Nextel 陶瓷纤维布,并对暴露的捆扎线缆进行包覆防护;

(2) 增大辐射器的面积及其厚度用于对安装在其后的设备进行防护;

(3) 对高风险的仪器设备外壳进行加厚;

(4) 两舱之间 8.9 厘米的缝隙专门用蜂窝板和铝板封闭起来,以保护推进系统管路;

(5) 暴露在外的管路尽量安装在结构后面,不直接暴露在空间碎片来流方向。

经过上述改进后,雷达星的生存能力从 0.5 提升到 0.87。此外,研制队伍还在地面安排了大量超高速撞击试验,取得多项研究成果,如在多层中增加三层铝网或一层 Nextel 陶瓷纤维布的防护效果相当、蜂窝板超高速试验存在通道效应、传统 Whipple 方程并不完全适用等。

5.3.2　伽马射线太空望远镜

伽马射线太空望远镜(Gamma-ray Large Area Space Telescope, GLAST)是美国宇航局于 2008 年 6 月发射一个高功率伽马射线探测科学卫星。GLAST 卫星运行在距地球 560 km 的圆形轨道上。在卫星设计阶段,主要的设计要求如下:

(1) 5 年的 PNP 指标定为 0.95;

(2) 总体要求单位面积的防护增重不大于 3 kg/m^2;

(3) 防护间距 3.27 cm,希望能降到 2 cm。

针对上述的防护要求,设计的防护构型及其具体参数如图 5‑19 和表 5‑4。

经过上述防护设计后,卫星高风险部位防护能力得到显著增强,可以抵御 1.8 mm 直径的球形铝弹丸在 7 km/s 速度下的撞击。通过对各种在轨姿态进行风

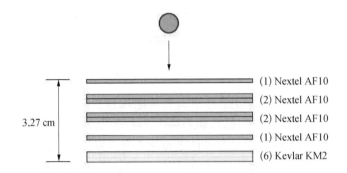

图 5 - 19　GLAST 卫星的防护结构设计

险分析,并根据不同姿态在整个任务中所占的百分比计算得到各个部位的综合风险,具体见表 5 - 5。

表 5 - 4　GLAST 卫星的防护设计参数

组成部分	数量	每层厚度/cm	每层单位面积质量/(g/cm²)	总厚度/cm	单位面积总质量/(g/cm²)
Nextel AF10	6	0.025 4	0.025	0.152	0.150
聚酰亚胺泡沫隔层	4	0.66	0.005 1	2.640	0.020
热毯	1	0.32	0.036 8	0.320	0.037
Kevlar KM2	6	0.025 4	0.023	0.152	0.138
总计				3.26	0.345

表 5 - 5　GLAST 卫星各部位的风险评估结果

部 位	微流星体 PNP	空间碎片 PNP	合计 PNP	比重/%
顶面	0.997 35	0.995 90	0.993 26	18.0%
前面	0.996 69	0.994 71	0.991 41	22.9%
左侧	0.998 78	0.994 12	0.992 91	18.9%
右侧	0.998 78	0.994 12	0.992 91	18.9%
底面	0.999 76	0.992 80	0.992 56	19.9%
后面	0.999 92	0.999 58	0.999 50	1.3%
总计	0.991 29	0.971 57	0.963 10	100%

5.3.3　伦琴卫星

伦琴卫星(Röntgensatellit，ROSAT)是德国、美国、英国联合研制的一颗 X 射线天文卫星,1990 年发射升空,2011 年 10 月再入大气层坠毁。欧空局以 ROSAT 为背景开展了空间碎片撞击风险评估、布局优化和防护结构设计优化工作,见图 5-20。经过采取表 5-6 的防护技术措施,使得非失效概率从 0.847 提升到 0.967,其可靠性大幅提高。

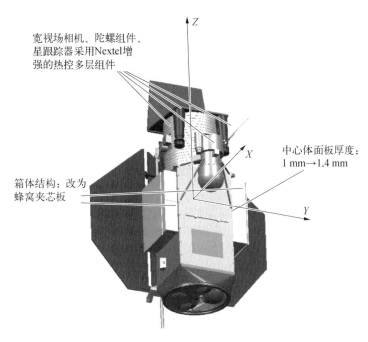

宽视场相机、陀螺组件、星跟踪器采用Nextel增强的热控多层组件

中心体面板厚度:1 mm→1.4 mm

箱体结构:改为蜂窝夹芯板

图 5-20　以 ROSAT 卫星为背景开展的防护设计

表 5-6　ROSAT 卫星上采取的防护技术措施

采 取 方 法	增 加 质 量
望远镜筒体部位施加防护层	+16 kg(+0.66%)
中心体面板厚度变化 1 mm→1.4 mm	+24.8 kg(+1.02%)
箱体结构侧板改为蜂窝夹心结构	−8 kg(−0.33%)
宽场相机、陀螺组件、星跟踪器采用 Nextel 增强多层	+5.8 kg(+0.24%)

5.3.4　星链卫星

美国 SpaceX 公司拟在近地轨道部署 4.2 万卫星为全球提供宽带通信,截至

2023 年 3 月,发射卫星的数量已超过 4 100 颗,并且建设步伐不断加速,对全球航天产业带来重要影响。

2022 年 2 月 22 日,美国 SpaceX 公司在其官网发布了名为"SPACEX's approach to space sustainability and safety"的声明,高调宣扬了公司负责任的太空行为,系统阐述了其星座及卫星设计采取的具体措施,包括使用 Whipple 防护结构来保护关键部件。声明中并未对 Whipple 防护结构的内容进行详细阐述,但不难看出,针对巨型星座的可靠性设计,空间碎片已成为必须认真考虑并采取必要措施的环境要素。

5.4　航天器防护设计要求

IADC 防护组多年来的一项重要工作即是编写《防护手册》(*Protection Manual*)[6],并将国际上空间碎片防护领域最新的研究成果不断集成到其中,版本不断迭代升级。《防护手册》中包含风险评估、超高速撞击特性、超高速撞击试验、数值仿真等内容,并对航天器空间碎片防护中所采用的方法和建议进行了总结,以帮助设计人员实施防护设计。这些建议从不同国家和组织的防护设计指导原则和标准文件中提取出来,主要分为三大类:① 一般性建议;② 结构、热控和防护屏设计建议;③ 仪器设备设计及安置建议。

5.4.1　一般性建议

航天器部组件作为组成航天器的基本单元,其功能各不相同,损伤和失效种类也不同,因此存在不同的功能降阶或失效模式及对应的失效准则。部组件易损性分析的主要工作即是得到在空间碎片撞击下,部组件不同降阶模式或失效模式下的概率,每一种模式对应着一种失效准则,失效准则是衡量部组件是否发生功能降阶或者失效的量化标准。建立不同部组件的易损性分析模型,其关键是确定空间碎片撞击作用下,不同部组件的失效机理、失效模式和失效准则。

各国航天组织已经认识到空间碎片问题的严重性,并采取了积极行动,不断开展相关研究项目来保护各类航天器及空间环境。然而,大多空间碎片标准都集中在减缓项目,在航天器防护方面只包含了一些一般性的建议。本节给出的标准和指导原则由不同航天组织发布,其中包含了各国在航天器防护方面最高水准的指导原则。

1. 美国 NASA

NASA SP‒8042 报告(1970 年)、美国国家研究委员会(1995 年)、白宫科技政策办公室(1995 年)分别就航天器空间碎片防护,给出了有关航天器系统设计的一般性指导原则,针对航天飞机和空间站也分别开展了关于空间碎片防护指导原则的研究项目。这些"指导原则"在 NASA 航天器上的具体实施主要沿用了 Christiansen 等提供的一些技术,此外,在航天器设计中还需要遵循一些其他的指导原则以减少空间碎片的生成。

总体来讲,为了给航天器提供足够的空间碎片防护措施,一般应采取一系列的方法步骤,主要包括对航天器设计进行适当改进和制订可操作性的飞行规则,而且要对空间碎片风险进行全面的评估,对风险源进行识别。空间碎片防护中一个非常必要的步骤就是建立严格的空间碎片防护技术要求并补充到航天器设计的技术要求文档中。为了满足空间碎片设计的需要,在航天器设计和运行中应采用下列技术方法:

1) 避免空间碎片撞击

a. 通过改变航天器朝向降低空间碎片撞击(使锋面最小、将耐撞击的部分前置、将薄弱的部分后置或放在朝地方向)。

b. 主动进行碰撞预警及碰撞规避(机动)或在不能实施机动情况下将航天器转入安全运行模式(撤离到安全地带、打开防护屏等)。

c. 将重要部件或对撞击比较敏感的部件放在空间碎片低撞击风险区。

d. 不使用贮能装置(压力容器和转动设备)的时候,将其钝化或布置到不易暴露的位置(将潜在的灾难性撞击降低为非严重撞击)。

2) 防止严重的撞击损伤,避免压力容器被穿透和设备失效

a. 在必要的地方加强防护;通过超高速撞击试验和分析评估防护"需求",将评估结果与总体技术要求进行比较。

b. 使用高性能、低重量的防护结构;采用柔性、可展开式、多冲击防护;采取大间距防护屏、增强防护措施;增强 Whipple 防护(陶瓷/Kevlar 夹层)。

c. 加强外部设备并/或提供重要功能的冗余。

3) 发生严重撞击损伤后的恢复措施

a. 增加系统冗余。

b. 加强系统安全监测、预警、应对偶然事件的预案/操作。

c. 规划系统运行、舱门的开启、压力容器操作。

d. 训练宇航员对撞击损伤和穿孔快速做出反应(定位、隔离和修复)。

e. 利用自动系统将受损区域隔离(例如:自动隔离阀、自密封装置)。

f. 提供宇航员逃生和安全庇护场所(载人航天器)。

g. 采用安全模式运行(无人航天器)。

2. 日本宇宙航空研究开发机构(Japan Aerospace exploration Agency,JAXA)

1996 年 3 月,日本发布了空间碎片减缓标准。所有 JAXA 项目都应采用该标准并在以下五个方面采取措施:

(1) 防止航天器在轨解体,产生大量的碎片;

（2）将寿命末期的地球同步轨道卫星转移到更高的轨道；

（3）减少火箭上面级滞留在地球转移轨道的时间，不至干扰地球同步轨道卫星；

（4）在航天系统运行操作过程中，尽量减少丢弃在轨道上物体的数量；

（5）降低任务末期航天系统的滞留时间，不干扰有价值的轨道区域。

JAXA 标准的结构由三部分构成：

（1）管理级技术要求；

（2）各阶段（计划、设计、运行操作和处置段）的一般性技术要求；

（3）详细设计的技术要求。

关于在轨爆炸，JAXA 标准并没有严格的技术要求。一部分原因是因为卫星在轨相撞的风险极低；另外在该标准酝酿的时候，JAXA 尚不具备技术可行性及有效的测量手段。

在现行标准中，并没有相关的技术要求涉及如何避免由小碎片相撞引起的损伤。JAXA 标准中并未反映采取何种建议来最大限度地减少航天器与碎片相撞的影响，其原因在表 5-7 中给出：

表 5-7　JAXA 未采纳相关防护技术要求的说明

	建　议	不便采纳的原因
1	增加部件或/并进行结构防护	如果结构的冗余足够大，采用这种方法是可行的，但一旦进行 Whipple 防护，防护代价会增加
2	重新布置部件，利用非敏感部件来防护敏感部件	部件的安置将会变得更加受限制，不容易实施
3	采取冗余部件或系统	只有在具有足够质量空余的情况方能使用
4	利用不同分区来定义损伤	带来系统级困难，对结构设计的影响很大

目前，日本宇航局正在修订上述标准，并讨论进行下述修改：

（1）利用预警分析来避免新发射航天器与在轨载人航天器的碰撞；

（2）为了避免航天器碰撞，采取轨道机动；

（3）在航天器上增加部件或/且进行结构防护、利用冗余部件或系统、优化部件布局以利用非敏感部件来防护敏感部件（作为设计中需要考虑的因素）。

除了上述标准，JAXA 还出版了空间碎片减缓标准的说明、剪裁指南及空间碎片手册以鼓励今后开展的减缓行动。

3. 法国国家太空研究中心（Centre National d'Etudes Spatiales，简称 CNES）

第一个 CNES 标准指南的应用发布是由 CNES 空间碎片工作组准备的，并经过空间碎片特别小组审定,最后被 CNES 标准技术小组和指导小组采纳。

CNES 关于空间碎片的安全政策包括两部分,一是改进航天器设计以抵御碎片撞击,二是在保证完成空间项目的任务需求、安全需求和较低费用支出的基础上,鼓励使用在轨操作技术来限制碎片的增长。

一些主要技术要求如下:

(1) 任何航天项目或工程都须对与空间碎片及其衍生物相关的活动负责。

(2) 空间碎片减缓计划允许一个空间项目或工程来证明其产物。

a. 符合设计的技术要求;

b. 将在满足运行段技术要求的基础上运行。

(3) 任何空间项目或工程在确认和定义其有关空间碎片的任务和活动时,应确定。

a. 其产品在正常运行及退化模式期间是否具有潜在的产生空间碎片的可能;

b. 当它与微流星体、已有航天器空间碎片或另外一个航天器相撞以后,其产品是否具有潜在的产生空间碎片的可能;

c. 当发生偶然的爆炸或损毁,它是否具有潜在的产生空间碎片的可能;

d. 一旦寿命末期处置结束以后,产品的在轨行为;

e. 航天器或其部件经过大气再入后,产品的行为;

f. 由于其产品再入大气产生碎片对地球表面或环境造成潜在的损害。

(4) 空间环境对空间碎片造成的影响后果是在此基础上产生大量新的碎片,因此航天器上所采用的材料和技术应避免因受下列环境因素影响产生空间碎片。

a. 辐射(紫外、红外、可见光等);

b. 粒子流(电子、质子等);

c. 原子氧;

d. 脱体残渣;

e. 结构磨损;

f. 与现存碎片和微流星体相撞;

g. 其他。

4. 欧空局

欧洲空间碎片减缓与安全标准(2000)作为欧洲航天标准化合作组织(European Cooperation for Space Standardization,ECSS)标准系列的一部分,在欧洲空间项目中应用。ECSS 是欧空局、欧洲各国航天局和欧洲工业联合会合作的产物,旨在发展和维护一个共同的标准。

欧洲空间碎片安全与减缓标准(European Space Debris Safety and Mitigation Standards,EDMS)提供了与空间碎片相关的有关基本安全方面和减缓方面的技术要求与建议。作为其中一部分,"标准"建议采取一定措施使得航天器避免空间碎片碰撞的危害。下面给出一些设计建议：

（1）需要对技术方法开展研究和应用（比如防护屏）以提高航天器在空间碎片撞击下的生存能力并降低上述撞击发生的概率（通过机动）；

（2）标准中记录了"一些简单的规则，如安装位置设计及冗余设计，会降低航天器整体失效的风险，这些规则可用于可靠性分析"。

此外，标准中也描述了"航天器与空间碎片物体之间的高速碰撞会使得大量的动能转化为结构的损伤并引起材料的释放。为了降低航天器整体失效的风险，在设计中可以采取下面提到的建议，尤其是关于结构和外形方面的建议"。建议如下：

（1）名义设备及冗余设备的安装及位置应进行优化（例如，一个仪器设备和相关的系统线路），最大限度地增加航天器遭受撞击的生存能力；

（2）如果航天器与空间碎片相撞的风险超出了工程的允许范围，该航天工程应该采取适当的防护方法（如防护屏、冗余、定位、改变相对位置）来降低风险。

除 EDMS 以外，欧空局还发布了空间碎片减缓手册。该手册作为 EDMS 的技术副本，为减缓与防护提供背景资料，它包括了航天器设计中所采用的不同防护方法及应用工具。

5. 联合国外空委

空间碎片防护的需求已经受到最高国际机构的关注。例如，联合国和平利用外层空间委员会建议：航天器的设计者应当考虑将显式和隐式的防护概念集成到航天器设计中。

5.4.2　结构、热控及防护屏设计的建议

在开展无人航天器的结构、防护屏和热控系统设计时，可以推荐使用下面一系列指导原则。这些原则不一定非常详尽全面，但可以向设计者提供有益指导。

（1）防护设计所采取的措施应使得较大速度范围和尺度范围的撞击粒子溶化和汽化。对于航天器结构应考虑使用高屈服强度的材料，如一些铝合金、铺层材料和复合材料。此外，尽可能将结构表面用 MLI 热毯覆盖。热毯与结构之间应留有一定间隔，并且/或者利用诸如 β 布、Nextel 和 Kevlar 等材料进行加强，以获得额外的抵抗能力；

（2）在材料和费用支出方面可行；

（3）将因防护产生的增重降至最低。这意味着应当对防护结构进行精细设计；

（4）应遵循简单设计和构型的原则，比如采用标准化程序；

（5）提供抗二次碎片撞击的能力，也就是尽可能减少因二次碎片云造成的失效；

（6）产生没有损害的二次碎片及剥落物。例如，像 Nextel 这样的加强材料遭受撞击后会产生大量的纤维，将会造成污染；

（7）应尽可能减少因结构穿透产生的碎片、剥落或粉屑给航天器设备带来失效或性能衰退的风险；

（8）尽量避免在轨遭遇撞击产生过多碎片，比如，可以采用不产生大量二次碎片的外部材料并且采用较薄的外层以将撞击生成物控制在本体内；

（9）提供一定程度的热防护性能和抗辐射能力，比如，将防护层放在热控层之下；

（10）防护结构应具有抵抗原子氧侵蚀的能力（仅对于低地轨道而言），这里重申，防护层应放在热控层里面；

（11）整个结构应能容纳在整流罩内，并能够承受正常的发射环境及在轨振动环境；

（12）满足系统要求，如电接地及可接受的热-光特性等；

（13）避免干扰航天器正常的运行，如展开过程、视场要求和通讯要求等。

5.4.3　仪器设备设计和布局的建议

与载人航天器不同，无人航天器或许能够承受一定程度的穿透性撞击损伤（与仪器设备的内部布局及其冗余有关），因此需要采用系统方法来实施防护设计，也就是说，理想的防护设计必须在物理防护（结构防护）等级与航天器的内部布局之间达到一种平衡。对于无人航天器的设计及仪器设备的布局，推荐采用下面一系列的指导原则，这些指导原则对于载人航天器也同样适用。

（1）确定卫星遭受碎片撞击最为薄弱的区域。对于大多近地圆轨道卫星，薄弱区域是指朝向速度矢量方向的表面。

（2）通过故障模式、影响及危害性分析确定重要和敏感设备，诸如电池、推进贮箱/管路、反作用/动量轮和陀螺等设备。

（3）对于内部设备，将敏感和重要的设备安装在远离薄弱面并/或将其安装在不太重要的仪器单元或结构的后面。任何布局调整肯定会引起对各种系统约束的重新考虑，比如质量平衡和热平衡。因此，上述原则最好在设计初期就加以考虑，设计初期考虑会有比较大的灵活性。其他需要考虑的因素包括：

a. 相同的子系统单元通常彼此靠近，主要是为了尽可能少用线缆。如果将其中一个重新布局安装必然会造成过长的电缆，这样不仅增加质量，而且也会增加线缆的撞击风险。

b. 如果主设备和冗余设备距离很近，也会存在一种可能性，即一次碎片撞击造成两者同时失效，因此，增加一定的物理间隔是比较明智的选择。

c. 仪器单元重新布局时不应布置在靠近结构板的边缘位置，这样可以避免结构板边缘的强度/应力问题,尤其当结构板的承载较重时。

d. 对诸如磁力矩设备进行重新布局时,应当避免电磁干扰的影响,比如使其和其他设备单元保持足够的空间。

(4) 如果条件允许,避免在薄弱面上直接安装任何内部仪器设备,这样也可避免将其相关的设备安装在该表面或附近,如辐射器、电缆和同轴电缆等。

(5) 通过增加结构、热控来保护内部的设备等,特别在最薄弱的区域。

(6) 对于薄弱仪器单元(特别是外露单元),应当考虑加厚单元的外壳。可以通过在仪器单元上包裹 MLI 或增强的 MLI(服从热控需要)来提高防护性能。

(7) 通过下列途径保护外部敏感设备:

a. 屏蔽,即将重要的敏感设备放在其他不敏感或不重要的外露设备后面(相对碎片来流方向)。

b. 将其放在尾部或朝地方向,也能最大限度降低撞击风险。

c. 如果条件允许,避免将重要的外部仪器安装在薄弱面上,禁止将诸如姿态敏感器这样的外部设备安装在最大碎片来流方向。

参考文献

[1] NASA. Handbook for Limiting Orbital Debris[M]. NASA‐Handbook 8719. 14, 2008.

[2] Bjorkman M, Christiansen E. A History of Meteoroid Shielding for Apollo Lunar Mission[R]. San Diego: AIAA SPACE Conference & Exposition, 2008.

[3] Williamsen J. Review of Space Shuttle Meteoroid/Orbital Debris Critical Risk Assessment Practices[R]. Palm Springs: 45th Structures,Dynamics, and Materials Symposium, 2004.

[4] Shiraki K, Terada F, Harada M. Space Station JEM Design Implementation and Testing for Orbital Debris Protection[J]. International Journal Impact Engineering, 1997, 20: 723‐732.

[5] Terrillon F, Warren H R, Yelle M J. Orbital Debris Shielding Design of the Radarsat Spacecraft[C]. Montreal: 42nd International Astronautical Congress, 1991.

[6] IADC WG3 Members. Protection Manual Version 7. 0[R]. Darmstadt: 22nd IADC meeting, 2014.

第 6 章
国内航天器空间碎片防护实践

如前面所述,国内自 2000 年后开始从事空间碎片研究,先后在空间碎片风险评估、防护结构研制、撞击极限方程研究等方面取得一系列研究成果。随着国内载人航天三期工程规划的有序展开,空间碎片研究人员陆续承担起天宫一号、天宫二号、空间站等型号的防护设计任务,也促成前期空间碎片研究成果迅速地实现工程化。

除载人航天器外,我国卫星也陆续发生多起因疑似遭遇空间碎片撞击引起分系统功能下降或整星失效的事件,引起卫星设计人员的关注,并在相应型号的后续任务中改进设计,增加了冗余和防护措施。同时,随着基础研究的不断深入和工程实践的持续开展,也促进了我国空间碎片防护行业标准规范的制定及实施。

6.1 天 宫 一 号

天宫一号是我国第一个长期在轨载人航天器,全长 10.4 米,最大直径 3.35 米,由实验舱和资源舱构成。天宫一号于 2011 年 9 月 29 日 21 时 16 分在酒泉发射中心升空,先后与神舟八号、神舟九号和神舟十号载人飞船完成自动交会对接,3 位航天员首次进入天宫一号。至此,天宫一号圆满完成全部设计任务,也直接验证了防护设计的有效性。2018 年 4 月 2 日,天宫一号再入大气层,烧蚀残骸落入南太平洋中部区域[1]。

需要指出,天宫二号是我国第二个长期在轨载人航天器,于 2016 年 9 月 15 日在酒泉发射中心升空,先后与神舟十一号、天舟一号进行对接,是我国第一个真正意义上的太空实验室。天宫二号于 2019 年 7 月 19 日受控离轨再入大气层,落入南太平洋预定安全海域。由于天宫二号与天宫一号构型相近,延续了天宫一号的全部防护方案,此处不再赘述。

6.1.1 撞击风险评估

撞击风险评估采用的工具为空间碎片防护设计软件包 MODAOST。撞击风险评估采用的空间碎片环境模型为 ORDEM2000,微流星体环境模型为 NASA SSP 30425,均为国际通用的环境模型。撞击风险评估的结果一般用非撞击概率 PNI 和非穿透概率 PNP 来表示。

天宫一号的设计轨道近似为圆轨道(偏心率小于 0.001),自主飞行时轨道高度 380 km,倾角 42~43°。天宫一号由密封舱和非密封舱两部分组成,实验舱为密封舱,资源舱为非密封舱。

表 6-1 给出天宫一号实验舱的撞击风险评估结果,图 6-1 给出天宫一号的撞击风险评估云图。根据风险评估结果可知,对于直径大于 0.01 mm 或 0.1 mm 的撞击粒子,撞击概率为 100%,即撞击事件无法避免,但这种规模的撞击通常对航天器不会构成严重威胁;对于直径大于 1 cm 的粒子,撞击概率极小(可理解为几千年一遇),撞击风险可以忽略不计;而直径在 0.1 mm 至 10 mm 之间的粒子撞击概率

表 6-1   天宫一号实验舱撞击概率评估结果(评估寿命 2 年)

粒子直径	微流星体撞击数	空间碎片撞击数	总撞击数	PNI
$d>0.01$ mm	3.171 8E+4	3.309 5E+4	6.0E+4	1.000
$d>0.1$ mm	7.125 9E+2	1.116 1E+3	1.828 6E+3	1.000
$d>1$ mm	3.645 9E-1	2.461 8	2.826 4	9.408E-1
$d>10$ mm	4.484 7E-5	2.587 5E-4	3.036 0E-4	3.036E-4

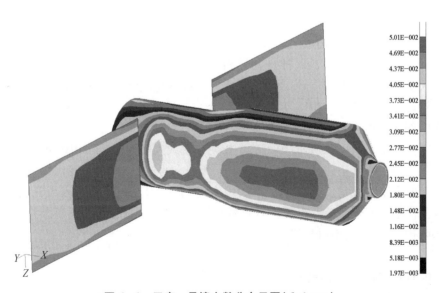

图 6-1   天宫一号撞击数分布云图($d>1$ mm)

高达 94%,是构成威胁的主要来源;航天器两侧、天顶面和迎风面是高风险区,是空间碎片防护设计的重点。对地面撞击风险较低,可不进行防护。

6.1.2　系统级防护设计

根据天宫一号撞击风险评估结果,开展了多轮防护设计,提出了多个防护设计方案,经反复优化,确定的防护设计方案为:对天宫一号分别进行系统级防护设计和部件级防护设计。系统级防护设计是指对撞击风险较大的实验舱前锥段采用 Whipple 防护结构进行防护,对实验舱柱段高风险区采用 Whipple 防护结构和热控辐射器共同进行防护;部件级防护设计是指对辐射器管路进行构型修正,降低失效风险。

系统级防护设计方案见图 6 - 2 和图 6 - 3。实验舱前锥段采用距离舱壁 70 mm 的 6061 铝合金防护屏进行防护;实验舱柱段采用距离舱壁 51 mm 的 5A06 铝合金防护屏进行防护,其中前段(靠近前锥段)是增加的专用防护结构,只起防护作用;后段是改进的辐射器,主起热控作用,兼具防护作用。

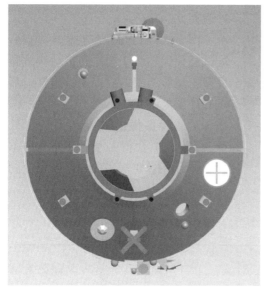 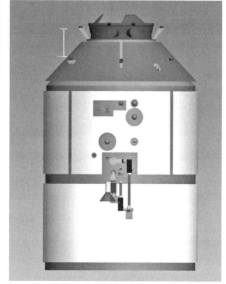

图 6 - 2　实验舱前锥段防护方案　　　　图 6 - 3　实验舱柱段防护方案

确定设计方案后,分别设计了防护结构和辐射器的试验件,并开展了超高速撞击验证试验。

图 6 - 4 和图 6 - 5 分别为防护结构试验件和辐射器试验件示意图。两种试验件均由三部分组成:外板、热控多层(图中略)和内板。试验件尺寸为 250 mm × 250 mm,外板厚度 1 mm;热控多层位于内板及外板之间,厚度 2~3 mm,内板即实验

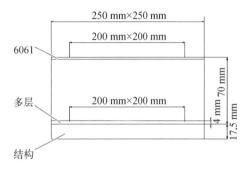

图 6-4 天宫一号防护结构试验件示意图

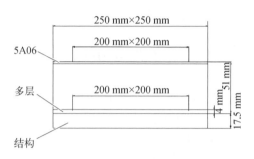

图 6-5 天宫一号辐射器试验件示意图

图 6-6 超高速撞击试验后的试验件

舱壁,为 2.5 mm 厚的铝合金。两种试验件的区别在于:防护结构试验件的外板为 6061 铝合金,其外表面距离内板外表面 70 mm;辐射器试验件的外板为 5A06 铝合金,其外表面距离内板外表面 51 mm。

图 6-6 给出超高速撞击试验后的试验件,表 6-2 给出防护结构试验件撞击试验结果,表 6-3 给出辐射器试验件撞击试验结果。

对试验件撞击试验结果进行处理,并通过拟合得到如图 6-7 和图 6-8 所示的撞击极限曲线以及相应的撞击极限方程。

表 6-2 防护结构试验件撞击试验结果

编 号	速度/(km/s)	弹丸直径/mm	是 否 失 效	
			是	否
06-0434	5.147	4.53	√	
06-0436	5.093	5.02		√
06-0438	3.448	3.55		√
06-0439	3.344	3.75		√
06-0451	4.880	5.54	√	

编　号	速度/(km/s)	弹丸直径/mm	是 否 失 效	
			是	否
06－0453	5.316	5.00	√	
06－0461	6.977	5.52		√
06－0467	2.447	3.54	√	
06－0471	5.900	5.77	√	
06－0472	6.710	5.77		√
06－0473	2.553	4.00	√	
06－0008	6.775	6.48	√	
06－0009	7.000	6.02		√
06－0010	6.705	6.50	√	
06－0011	6.706	6.00	√	
06－0474	3.028	4.00	√	
06－0475	3.278	4.03	√	

表 6－3　辐射器试验件撞击试验结果

编　号	速度/(km/s)	弹丸直径/mm	是 否 失 效	
			是	否
06－0442	5.128	5.54	√	
06－0443	5.194	5.02	√	
06－0444	2.967	3.26		√
06－0445	3.371	3.74	√	
06－0446	5.100	4.52		√
06－0452	5.083	4.73		√
06－0460	7.044	5.55	√	
06－0462	6.703	5.00		√
06－0463	6.027	5.55	√	

续　表

编　号	速度/(km/s)	弹丸直径/mm	是 否 失 效	
			是	否
06 - 0464	6.085	5.00		√
06 - 0465	1.676	3.54		√
06 - 0466	2.975	3.56	√	
06 - 0468	1.690	3.04		√
06 - 0469	6.617	5.26	√	
06 - 0470	1.876	4.00	√	
06 - 0476	5.879	5.24	√	

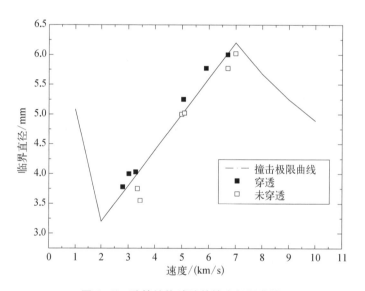

图 6-7　防护结构试验件撞击极限曲线

防护结构试验件撞击极限方程近似为以下三类。

低速($V<2.0\,\mathrm{km/s}$)：$d_c = 5.08V^{-2/3}$；

中速($2.0\,\mathrm{km/s} \leqslant V \leqslant 7.0\,\mathrm{km/s}$)：$d_c = 0.6V + 2.0$；

高速($V>7.0\,\mathrm{km/s}$)：$d_c = 22.7V^{-2/3}$。

辐射器试验件撞击极限方程近似为以下三类。

低速($V<2.5\,\mathrm{km/s}$)：$d_c = 5.85V^{-2/3}$；

中速($2.5\,\mathrm{km/s} \leqslant V \leqslant 6.2\,\mathrm{km/s}$)：$d_c = 0.587V + 1.712$；

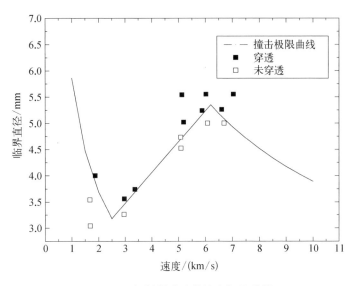

图 6-8　辐射器试验件撞击极限曲线

高速(V>6.2 km/s)：$d_c = 18.059V^{-2/3}$。

从以上两种试验件撞击极限曲线可以看出,防护结构的撞击极限要高于辐射器的撞击极限,这是间距效应和材料效应综合作用的结果。这两组撞击极限方程是进一步开展撞击失效风险分析的基础。

表 6-4 给出防护设计方案的风险评估结果,即非失效概率 PNP 为 0.699 5,相当于五年半一遇。

表 6-4　天宫一号实验舱撞击失效概率评估结果

微流星体失效数	空间碎片失效数	总失效数	PNP
1.642 2E-1	1.932 1E-1	3.574 3E-1	0.699 5(五年半一遇)

6.1.3　部件级防护设计

大多数航天器的外表面都被热控系统的器件所覆盖,包括大面积的热控涂层、隔热材料、流体管路等,它们直接暴露在外部空间,极易与空间碎片发生碰撞,由此产生的热控系统故障包括涂层退化、隔热层击穿、流体管路损坏等,可能严重影响航天器的正常工作,甚至造成飞行任务的彻底失败。其中天宫一号采用的热辐射器管路在空间碎片撞击情况下更是呈现单点失效模式,直接威胁到航天员的生命安全。

针对天宫一号辐射器管路单点失效的特点,改进其设计构型,图 6-9 为初始方案,图 6-10 为改进方案。

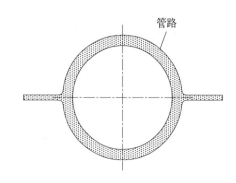

图 6-9 辐射器初始方案

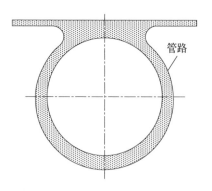

图 6-10 辐射器改进方案

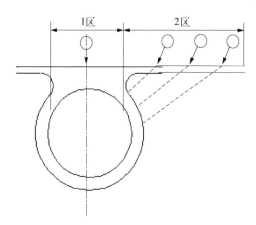

图 6-11 辐射器改进方案

根据改进方案的防护机理不同,将辐射器分为 1 区和 2 区,见图 6-11。1 区采用增强防护方法进行防护,其防护能力最薄弱区(即管路中心线区域)从 2 mm 增至 3.5 mm;2 区的辐射器肋片对管路起到遮挡作用,并与管壁构成类 Whipple 防护结构,肋片相当于防护屏,管壁相当于后墙,对于速度和方向固定的粒子,其撞击点离管路中心线越远,粒子对管路的威胁越小。因此,采用该种改进方案的直接效果是在几乎不引入附加重量的前提下,利用自身结构的遮挡实现空间碎片防护,使得管路抵抗超高速撞击的能力显著增强。

1. 改进方案仿真验证

采用光滑粒子流体动力学方法(smoothed particle hydrodynamics,SPH)对改进方案的防护能力进行了系列数值仿真,一方面验证了改进方案的防护机理,另一方面为验证试验初始参数制定提供了参考,见图 6-12。仿真结果清晰地显示了改进方案抵抗超高速撞击的能力显著增强的结论。

2. 改进方案实验验证

采用二级轻气炮作为发射设备模拟空间碎片撞击,实现对辐射器改进方案防护能力的验证。为增加二级轻气炮的命中率,设计如图 6-13 所示的辐射器改进方案试验样件,将五根管路并排置于肋板上,铝制弹丸撞击管路一侧即相当于初始方案试验,撞击肋板一侧即相当于改进方案试验。辐射器管路外径为 18 mm,内径为 14 mm,壁厚 2 mm,采用 5A06 铝合金材料,内充液体工质后用柱塞接头密封。

图 6-14 是 0190 和 0189 次试验结果(初始方案)的对比。0190 次试验的撞击

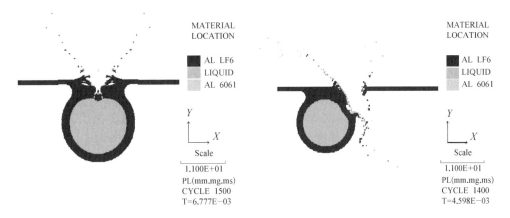

图 6-12 辐射器改进方案验证仿真

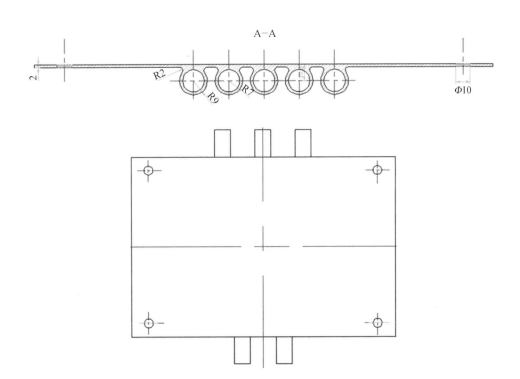

图 6-13 辐射器改进方案试验样件示意图

速度为5.15 km/s,弹丸直径为0.8 mm,弹着点偏离辐射器管路中心线约1.8 mm,弹坑内未发现穿孔或有液体流出,确认管壁未失效;0189次试验的撞击速度为5.07 km/s,弹丸直径为1.0 mm,弹着点偏离辐射器管路中心线约0.5 mm,弹坑底部有穿孔,确认管壁已失效。由这两组试验数据计算得到在5.11 km/s的撞击速度下,辐射器初始方案管路中心区的临界弹丸直径约为0.9 mm。图6−15是0248和0217次试验结果的对比。0248次试验的撞击速度为6.50 km/s,弹丸直径为0.66 mm,弹着点偏离辐射器管路中心线约2.4 mm,弹坑内未发现穿孔或有液体流出,确认管壁未失效;0217次试验的撞击速度为6.49 km/s,弹丸直径为0.8 mm,弹着点位于辐射器管路中心线上,弹坑底部有穿孔,确认管壁已失效。由这两组试验数据计算得到在6.50 km/s的撞击速度下,辐射器初始方案管路中心区的临界弹丸直径约为0.73 mm。

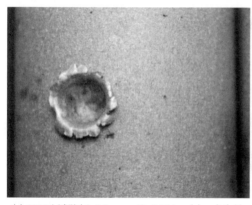 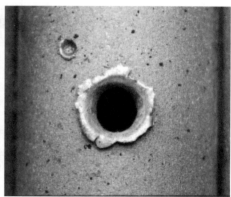

(a) 0190次试验(d=0.8 mm, V=5.15 km/s),未失效　　(b) 0189次试验(d=1.0 mm, V=5.07 km/s),失效

图6−14　0190与0189次试验结果对比

(a) 0248次试验(d=0.66 mm, V=6.50 km/s),未失效　　(b) 0217次试验(d=0.8 mm, V=6.49 km/s),失效

图6−15　0248与0217次试验结果对比

图 6-16 给出的 0422 和 0423 次试验结果(改进方案)的对比。0422 次试验的撞击速度为 4.62 km/s,弹丸直径 2.26 mm,弹着点偏离辐射器管路中心线约 2 mm,弹坑唇沿向外卷起,弹坑底部无穿孔,未有液体流出,确认管壁未失效。0423 次试验的撞击速度为 4.60 km/s,弹丸直径 2.50 mm,弹着点偏离辐射器管路中心线约 1 mm,弹坑唇沿向外卷起,坑底有穿孔,可以确认管壁已失效。由这两组试验数据计算得到在 4.61 km/s 的撞击速度下,辐射器改进方案管路 1 区的临界弹丸直径约为 2.38 mm。

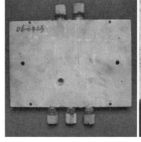

(a) 0422次试验(d=2.26 mm, V=4.62 km/s),未失效　　　(b) 0423次试验(d=2.50 mm, V=4.60 km/s),失效

图 6-16　0422 与 0423 次试验结果对比

图 6-17 是 0447 次试验结果(改进方案)。撞击速度为 5.07 km/s,弹丸直径为 3.24 mm,弹着点位于辐射管接合处(2 区),基本无偏离,面板被击穿,辐射管壁向内侧凹陷,但未形成穿孔,可以确认管壁未失效。

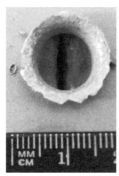

d=3.24 mm,V=5.07 km/s,未失效

图 6-17　0447 次试验

通过上述实验对比可知,针对改进方案 1 区,通过采用增强式防护方法可使辐射器管路的空间碎片撞击失效临界直径达到初始方案的 2 倍以上;针对改进方案 2 区,类 Whipple 防护方法的效果虽难以定量评估,但显然远优于增强防护方法,这才是该改进方案的最大优势。

6.1.4 小结

由于天宫一号是国内首个开展空间碎片防护设计的航天器,从需求、流程到技术等方面存在着大量陌生环节,对此开展了很多探索性工作。在方案阶段分别从系统级和部件级两个维度进行了空间碎片防护设计工作。首先,采用 MODAOST 进行了整器空间碎片撞击风险评估,开展了大量超高速撞击仿真和试验,提出采用 Whipple 防护结构进行部分防护的技术方案,并考虑天宫一号自身特点和辐射器固有的防护能力,最终形成一个利用专用防护结构和辐射器共同进行防护的"一体化"防护设计方案,使得天宫一号实验舱的非失效概率达到 0.699 5,满足了总体指标。其次,针对天宫一号辐射器管路单点失效的特点,在超高速撞击试验数据支持下对其设计构型进行了重大改动,在没有额外增重的前提下,显著提高了辐射器管路的抗撞击能力。

6.2 中国空间站

空间站是目前我国最大结构的载人航天器,由天和核心舱、问天实验舱(实验舱Ⅰ)、梦天实验舱(实验舱Ⅱ)等舱段构成,仅核心舱主结构轴向长度就达到 15.5 米,在轨寿命长达 15 年,空间碎片威胁远大于天宫一号。核心舱于 2021 年 4 月 29 日在海南文昌发射场升空,先后与天舟二号货运飞船、神舟十二号、神舟十三号、神舟十四号载人飞船进行交会对接,并完成首次出舱活动[2]。问天实验舱与梦天实验舱分别于 2022 年 7 月 24 日、10 月 31 日发射成功。中国空间站三舱"T"字的基本构型完成。

空间碎片风险评估结果表明,采用 Whipple 防护结构进行防护无法令空间站满足总体指标,对此设计人员采用玄武岩填充式防护结构进行防护,开展了大量仿真和超高速撞击试验,完成了防护屏和填充层的材料筛选、复合材料赋形设计、防护结构优化设计和工艺工装设计,进行了热循环试验和热真空试验;同时也针对辐射器开展了部件级防护设计,减少了单点失效的概率,从而使防护性能满足了总体设计指标。

6.2.1 撞击风险评估

撞击风险评估采用的评估工具为空间碎片防护设计软件包 MODAOST,采用的空间碎片环境模型和微流星体环境模型分别为 ORDEM2000 和 NASA SSP 30425。

空间站的设计轨道近似为圆轨道,平均轨道高度为 393 km,倾角 42°~43°,已于 2022 年布置完毕,在轨寿命 15 年。

表 6-5 给出空间站的撞击风险评估结果,图 6-18 给出空间站的撞击风险评估云图。对于直径大于 1.0 mm 的撞击粒子,撞击概率为 100%,即撞击事件无法避免;对于直径大于 5.0 mm 的粒子,撞击概率较小(百年一遇);对于直径大于

表6-5 空间站撞击概率评估结果(评估寿命15年)

粒子直径	舱 段	撞 击 数	PNI
$d>1.0$ mm	核心舱	3.08E+1	0.000 0
	实验舱I	2.09E+1	0.000 0
	实验舱II	2.12E+1	0.000 0
	全部舱段	7.28E+1	0.000 0
$d>5.0$ mm	核心舱	2.88E-2	0.971 6
	实验舱I	3.55E-2	0.965 2
	实验舱II	3.58E-2	0.964 8
	全部舱段	1.00E-1	0.904 7
$d>10.0$ mm	核心舱	2.03E-3	0.998 0
	实验舱I	3.25E-3	0.996 8
	实验舱II	3.28E-3	0.996 7
	全部舱段	8.56E-3	0.991 5

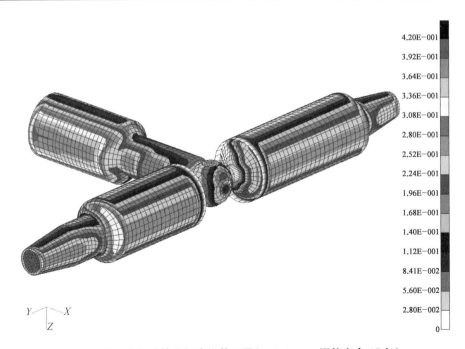

图6-18 空间站撞击概率评估云图($d>1.0$ mm,评估寿命15年)

10.0 mm 的粒子撞击概率极小(千年一遇)。因此,直径为 1.0~5.0 mm 的空间碎片,是空间站撞击风险的主要来源。

6.2.2　防护结构研制

早在空间站概念论证阶段,即尝试了碳纤维织物、玻璃纤维织物、凯芙拉纤维织物、二氧化硅纤维织物、玄武岩纤维织物、碳化硅纤维织物、碳化硅毯、PBO 等十几种材料,进行了工程筛选,最终确定了碳化硅填充式防护结构和玄武岩填充式防护结构两种工程方案[3]。

针对相同撞击条件下的碳化硅试件和玄武岩试件开展了超高速撞击试验。两种试件的填充层均分为两层,第一层为碳化硅(SiC)纤维织物或玄武岩纤维织物,第二层为凯芙拉(Kevlar)纤维织物,总面密度约为 0.135 g/cm^2,即等效于 0.5 mm 厚的铝合金板。碳化硅、玄武岩和凯芙拉纤维织物的单层重量(20 cm×20 cm)分别为 18.1 g、13.0 g 和 7.5 g,即

（1）碳化硅（2 层）+凯芙拉（3 层），总重量为 58.7 g,见图 6-19;

（2）玄武岩（3 层）+凯芙拉（3 层），总重量为 61.5 g,见图 6-20。

此外对 Nextel 试件和三层铝板试件(图 6-21)进行了对比试验。

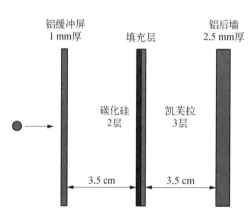

图 6-19　碳化硅试验试件构型示意图

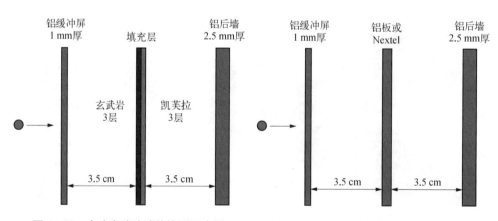

图 6-20　玄武岩试验试件构型示意图　　　　图 6-21　三层铝板试验试件构型示意图

图 6-22 给出碳化硅填充式防护结构、玄武岩填充式防护结构、Nextel 填充式防护结构及三层铝结构撞击特性的对比示意图。由图可见,碳化硅填充式

防护结构在 3 km/s 时的撞击极限从 2.66 mm 提高到 4.31 mm,7 km/s 时的撞击极限从 4.05 mm 提高到 7.28 mm;玄武岩填充式防护结构在 3 km/s 时的撞击极限从 2.66 mm 提高到 4.68 mm,7 km/s 时的撞击极限从 4.05 mm 提高到 6.12 mm。即低速时玄武岩填充式防护结构的撞击极限稍高,高速时碳化硅填充式防护结构的撞击极限显著优于玄武岩填充式防护结构。这两种防护结构的撞击极限与国际空间站使用的 Nextel 填充式防护结构大致相当,远高于三层铝板防护结构。

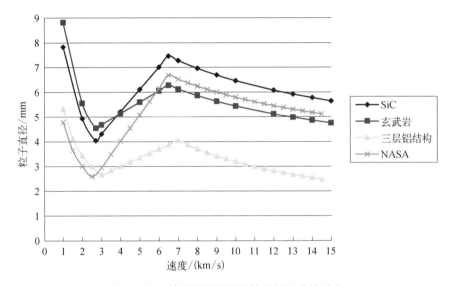

图 6-22　填充式防护结构撞击极限曲线对比

因此获得了第一种方案为玄武岩织物+凯芙拉填充结构。该方案充分利用了玄武岩织物对粒子的细化能力,虽然其均匀化能力和拦截能力较差,但凯芙拉强大的拦截能力恰好可以弥补该弱点,而且玄武岩织物成本低廉、技术成熟,该方案具有成本优势。第二种方案为碳化硅织物+凯芙拉填充结构。该方案中的碳化硅织物细化能力比玄武岩织物稍差,但均匀化能力和拦截能力比玄武岩织物强。碳化硅织物虽然可以国产,但生产成本较高,该方案具有性能优势。

为更清晰地说明填充式防护结构的优越性,将对比实验中碳化硅填充式防护结构和三层铝板防护结构(图 6-19 和图 6-20)的试验结果进行细述。其中三层铝板防护结构的中间层为 0.5 mm 厚 2A12 铝合金板,面密度保持一致。

图 6-23 是直径为 6.50 cm、速度为 6.57 km/s 的弹丸撞击碳化硅填充式防护结构的试验结果,图 6-24 是直径为 6.50 cm、速度为 6.43 km/s 的弹丸撞击三层铝板防护结构的试验结果。图中可见,在给定工况下,碳化硅填充式防护结构仅发

生轻微损伤,而三层铝板防护结构发生严重爆裂式损伤,差别非常显著。这个对比实验充分说明了这样一个事实,即填充式防护结构的防护能力远优于三层铝板防护结构。

(a) 中间层玄武岩织物

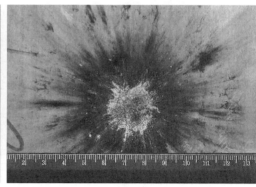
(b) 后板

图 6-23　碳化硅填充结构损伤情况(6.57 km/s,6.50 cm)

(a) 中间层铝板

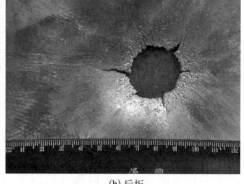
(b) 后板

图 6-24　三层铝板结构损伤情况(6.43 km/s,6.50 cm)

6.2.3　系统级防护设计

针对空间站辐射器管路单点失效的特点,开展了部件级防护设计。这部分工作继承了天宫一号/二号设计方案,故这里不再赘述,只介绍系统级防护设计。

考虑到成本、工艺等多种因素,最后选定玄武岩填充式防护结构作为空间站的防护手段,并针对空间站的具体功能要求,设计了三类填充式防护构型,见图 6-25和图 6-26。

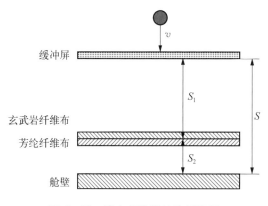

图 6 - 25　填充式防护结构示意图

图 6 - 26　填充式防护结构试件

第一类防护构型(代号 SW1)的缓冲屏材料为 5A06 铝合金,距离填充层 100 mm;舱壁为 5A06 铝合金,距离填充层约 17.5 mm,该防护构型用于节点舱。第二类防护构型(代号 SW2)的缓冲屏材料为 3A21 铝合金,距离填充层 60 mm;舱壁为铝合金 5A06,距离填充层约 17.5 mm,该防护构型用于直径较小的舱段。第三类防护构型(代号 SW3)的缓冲屏材料为 3A21 铝合金,距离填充层 100 mm;舱壁为 5A06 铝合金,距离填充层约 21.5 mm,该防护构型用于直径较大的舱段。三类防护构型的填充层均为 3 层玄武岩纤维布和 3 层芳纶纤维布。相对于弹丸撞击方向,填充层材料依次为玄武岩纤维布和芳纶纤维布。玄武岩纤维布面密度 0.096 g/cm^2,芳纶纤维布面密度 0.06 g/cm^2。

经过多次超高速撞击实验,确定出三类防护构型在不同状态下的撞击极限,见表 6 - 6 及图 6 - 27~图 6 - 29。

表 6 - 6　三种防护构型撞击极限

构　　型	撞击角/(°)	撞击极限/mm	
		3.1 km/s	6.4 km/s
SW - 1	0	4.00~4.25	8.25~8.5
SW - 1	30	3.50~3.75	8.25~8.5
SW - 2	0	4.00~4.25	6.5~6.75
SW - 2	30	3.25~3.5	6.5~6.75
SW - 3	0	4.25~4.5	8.5~8.75

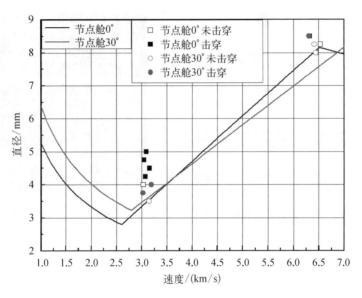

图 6‑27　SW1 试验结果与评估曲线对比

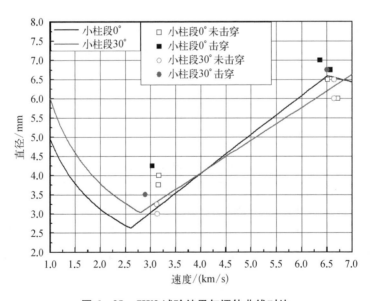

图 6‑28　SW2 试验结果与评估曲线对比

根据表 6‑6 及图 6‑27~图 6‑29 的数据对空间站进行防护设计,获得了图 6‑30 和表 6‑7 的结果。经防护设计后的空间站核心舱 PNP 可达到 0.97,全站 PNP 可达到 0.95。其中,核心舱由节点舱、小柱段、大柱段、后端通道及资源舱组成。

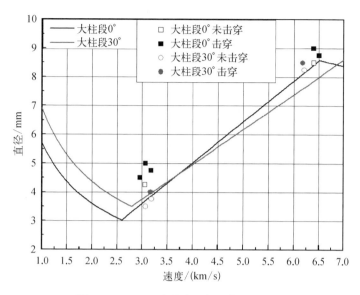

图 6-29　SW3 试验结果与评估曲线对比

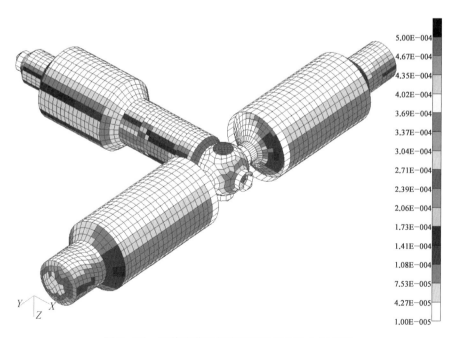

图 6-30　组装建造阶段和运营阶段(15 年)MOD
击穿数分布云图(球底双层防护)

表 6-7　空间站失效概率评估结果(15 年运营阶段)

舱　　　段	运营阶段(15 年)	
	击　穿　数	PNP
核心舱除节点舱的密封舱	3.14E-02	0.969 1
节点舱	1.25E-02	0.987 5
核心舱密封舱	4.39E-02	0.957 0
实验舱 I 密封舱	7.37E-03	0.992 7
实验舱 II 密封舱	3.39E-03	0.996 6
全部密封舱	5.47E-02	0.946 8

6.2.4　小结

空间站是国内继天宫一号载人航天器后第二个系统开展空间碎片防护设计的航天器,既继承了很多天宫一号防护设计工程经验,又因规模、寿命、防护指标的巨大差异带来许多新的关键技术,例如在天宫一号上采用的 Whipple 防护结构已无法简单移植应用于空间站。对此采用玄武岩填充式防护结构进行防护,开展了大量仿真和超高速撞击试验,完成了防护屏和填充层的材料筛选、复合材料赋形设计、防护结构优化设计和工装设计,进行了热循环试验和热真空试验;同时也针对辐射器开展了部件级防护设计,减少了单点失效的概率,从而使全站 PNP 达到了0.95,满足了总体设计指标。

6.3　应　用　卫　星

实践九号(SJ-9A/B)是我国新技术试验卫星系列的首发星,基于 CAST-2000 卫星平台设计,其中 SJ-9A 卫星选择太阳同步轨道,轨道高度为638 km,轨道倾角为 97.839°,采用对地定向三轴稳定姿态控制方式。以下简述 SJ-9A 的防护设计过程,这是我国首个针对应用卫星开展的防护设计实践[4]。

6.3.1　撞击风险评估

SJ-9A 卫星采用立方体板式小卫星结构形式,分为电子舱和推进舱,其中电子舱在卫星迎风面(即图中+X 面),推进舱在卫星背风面(即图中-X 面)。

表 6-8 和图 6-31 给出风险评估结果,受撞击概率最大的表面为卫星迎风

面,其次为天顶面和侧面,因此防护的重点是迎风面。卫星大部分设备均布置舱内,遭撞击概率较小,不做改动。

表 6 - 8　SJ - 9A 撞击概率评估结果

粒子直径	撞击数	PNI
$d>0.1$ mm	8.83E+2	0
$d>0.9$ mm	9	0.101 5
$d>1.0$ mm	1.54	0.214 3
$d>1.1$ mm	1.06	0.346 6
$d>1.2$ mm	7.47E-1	0.473 6
$d>1.3$ mm	5.39E-1	0.583 4
$d>1.4$ mm	3.97E-1	0.672 6
$d>1.5$ mm	2.97E-1	0.742 9
$d>2.0$ mm	8.73E-2	0.916 4
$d>10$ mm	1.97E-4	0.999 8

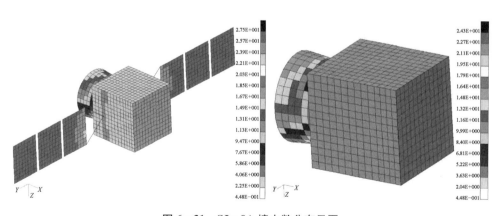

图 6 - 31　SJ - 9A 撞击数分布云图

6.3.2　防护设计

在超高速撞击实验中,确定增强型 MLI 试件为边长 200 mm 的正方形,由增强型 MLI 和蜂窝板构成,MLI 最外侧为外用阻燃布。蜂窝芯密度 68 kg/m³,面密度为 1.7 kg/m²,两侧分别包覆 0.3 mm 的铝板。见图 6 - 32。

(a) 蜂窝板

(b) Kevlar

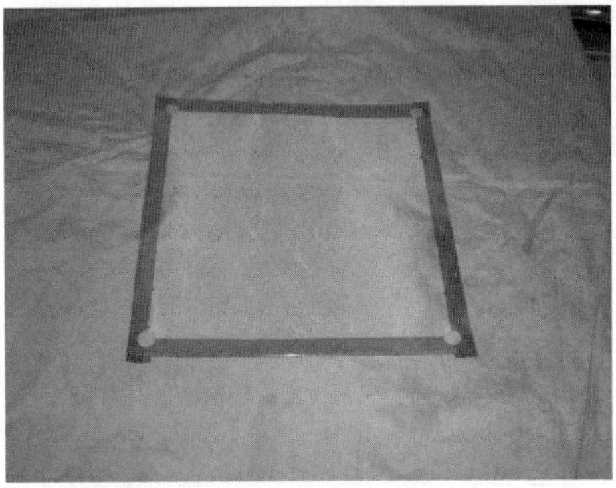

(c) 外用阻燃布

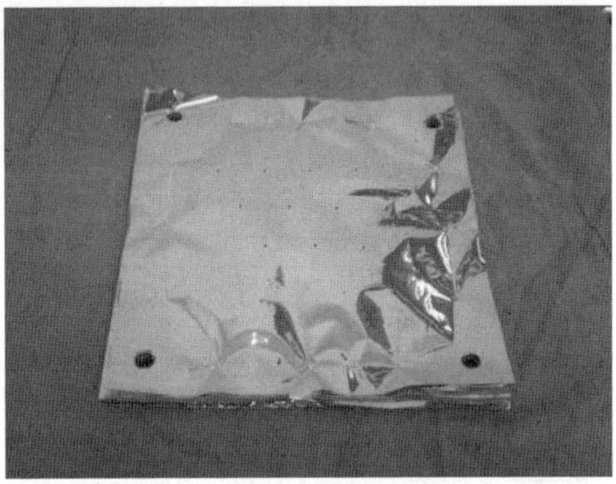

(d) 多层材料

(e) 跟固定板缝在一起的多层材料

(f) 包覆蜂窝板的试件

图 6 - 32　MLI 试件部件及装配产品

　　综合两轮试验,表 6 - 9 列出 6.5~7.0 km/s 速度下几种增强型 MLI 包敷蜂窝板的弹丸临界直径,表 6 - 10 列出 4.0 km/s 集中结构的弹丸临界直径。

　　实验表明,添加 2 层 Kevlar 对 MLI 的防护能力有较大提高,在 6.75 km/s 正撞击条件下,撞击极限直径提高了 26%;相同情况下,斜撞击比正撞击的临界弹丸直径高,但两者随撞击速度的变化规律类似。图 6-33 为裁剪好的 Kevlar。图 6-34 为总装后的 SJ-9A。图 6-35 为 SJ-9A 卫星迎风面的撞击极限方程提升示意图。

表 6-9　几种典型增强型 MLI 包敷蜂窝板结构的临界直径(6.5~7.0 km/s 速度)

结　　构	面密度/ (g/m²)	临界直径/ mm	弹丸临界直径相对 于基本型的增加 幅度/%	弹丸临界直径对应 质量相对于基本型 的增加幅度/%
20MLI+蜂窝板*	621+1 700	1.19	—	—
38MLI+蜂窝板	1 071+1 700	1.45	21.85	80.91
20MLI+2K(中)+蜂窝板	1 017+1 700	1.50	26.05	100.28
20MLI+5K(中)+蜂窝板	1 611+1 700	1.71	43.70	196.72
20MLI+5K(外)+蜂窝板	1 611+1 700	<1.71	<43.70	196.72
20MLI+2N(外)+蜂窝板	1 551+1 700	<1.71	<43.70	196.72
20MLI+8K(中)+蜂窝板	2 205+1 700	1.71~2.0	43.70~68.07	196.72~374.73

*蜂窝板面密度 1 700 g/m²。

表 6-10　几种典型增强型 MLI 包敷蜂窝板结构的临界直径(4.0 km/s 速度)

结　　构	面密度/(g/m²)	临界直径/mm
10MLI+蜂窝板	310+1 700	<1.2
蜂窝板	1 700	<1.2
20MLI+2K(中)+蜂窝板	1 017+1 700	1.31
20MLI+5K(中)+蜂窝板	1 611+1 700	1.5

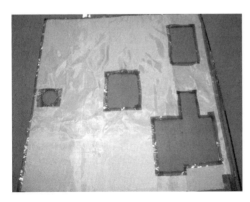

图 6-33　裁剪好的 Kevlar

图 6-34　总装后的 SJ-9A

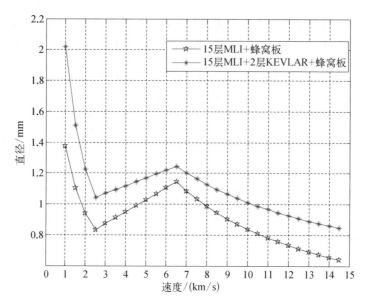

图6‑35　SJ‑9A卫星迎风面的撞击极限方程提升示意图

6.3.3　小结

由于MLI可以起到抵御多次冲击和破碎碎片的作用,因此,在无须额外设置传统专用防护屏结构的前提下,通过增加MLI的防护能力来改进MLI包覆结构的微小碎片防护能力的措施将非常有效。此外,MLI被撞击之后不会形成碎片,还能够避免造成对航天器的进一步损伤。

6.4　标　准　规　范

通过系统总结在天宫一号、空间站、应用卫星等空间碎片防护方面的技术成果,制订了《航天器对空间碎片防护设计要求》(QJ 20129‑2012),用以规定航天器对空间碎片和微流星体防护的设计要求、设计流程和验证要求,将对今后的航天器防护设计工程任务起到指导作用[5]。

6.4.1　撞击风险评估

a. 空间碎片防护设计应在空间碎片撞击风险评估的基础上进行;

b. 有防护需求的航天器,应从方案阶段开始进行防护设计,明确防护指标及防护设计方案与有关分系统的接口关系;

c. 空间碎片撞击风险评估应选用通过IADC标准校验工况校核的软件;

d. 防护设计应不影响航天器总体性能及各分系统性能;

e. 防护设计应满足有效性和经济性要求。

6.4.2 设计流程

航天器空间碎片防护设计流程见图 6 - 36,主要内容包括:

a. 根据航天器任务,确定防护设计要求(指标);

b. 对航天器进行空间碎片撞击风险评估;

c. 依据防护设计要求和风险评估结果确定防护方案;

d. 确定防护结构和防护材料;

e. 进行防护设计验证;

f. 不满足设计要求时修正设计方案;

g. 迭代直至满足设计要求(指标)。

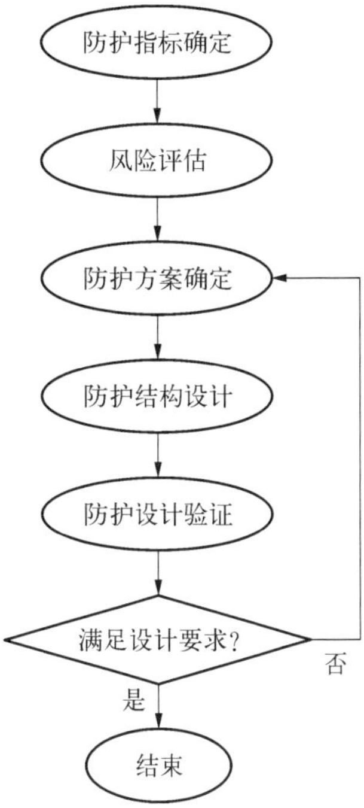

6.4.3 航天器空间碎片防护设计

1. 空间碎片防护指标

a. 航天器防护指标应考虑航天器类型、可靠性/安全性要求、任务周期、重量分配、运载限制等多方面因素综合确定;

b. 航天器防护指标一般采用非穿透概率 PNP 描述,非穿透概率 PNP 计算见 QJ 20134 - 2012 中公式

(3),特殊情况下,航天器防护指标也可以采用非失效概率 PNF 描述,此时需提供失效的相关判据;

c. 载人航天器密封舱(或多个密封舱组合体)在整个寿命期间的非穿透概率 PNP 指标应不低于 0.8。

2. 空间碎片防护措施要求

航天器防护可采取以下技术措施:

a. 调整航天器姿态降低撞击风险,将坚固部位朝向撞击通量大的方向,如航天器运动方向;薄弱部位朝向撞击通量小的方向,如与航天器运动方向相反的方向和航天器朝地方向;

b. 合理设计航天器布局降低失效风险,如将抵御撞击能力强的部件置于高风险区,将抵御撞击能力弱的部件置于低风险区;

c. 通过部段间屏蔽降低撞击风险,如利用对碎片撞击不敏感的结构或部段屏蔽重要的结构或部段、航天员舱外活动宜位于被载人航天器屏蔽的区域;

d. 通过冗余设计降低失效风险,如对外置电缆总线进行冗余设计;

图 6 - 36 航天器空间碎片防护设计流程

e. 增加航天器主结构厚度降低失效风险；

f. 增设专用防护结构降低失效风险；

g. 载人航天器可通过在轨损伤识别和修复等措施减轻撞击损伤后果。

3. 防护结构设计要求

1）防护结构构型

常用的防护结构（见图 6-37）有单墙防护结构、Whipple 防护结构、填充式防护结构、网状双屏防护结构和多冲击防护结构等。通常情况下，填充式防护结构、网状双屏防护结构和多冲击防护结构的防护性能优于 Whipple 防护结构；Whipple 防护结构的防护性能优于单墙防护结构。

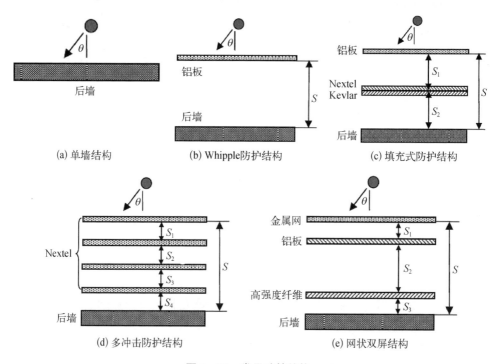

图 6-37　常用防护结构

2）防护结构方案选择

防护结构方案的选择应满足：

a. 在高风险区应选择防护性能优良的防护结构，如填充式防护结构、网状双屏防护结构等；

b. 在低风险区可选择 Whipple 防护结构或单墙防护结构；

c. 在空间允许的情况下，防护间距可适当增大；

d. 通过防护结构优化设计减少防护重量；

e. 综合考虑视场和通讯要求、电接地和热控要求及动力学要求等因素。

4. 防护材料要求

a. 外层防护屏应采用高比模量材料,如 Whipple 防护结构中的防护屏一般选用铝合金 6061 - T6 等材料,填充式防护结构中的填充层外层一般选用 Nextel 材料或其他陶瓷纤维材料;

b. 内层防护屏应采用高比强度材料,如填充式防护结构中的填充层里层一般选用 Kevlar 等材料。

6.4.4　航天器防护设计验证

1. 一般要求

a. 航天器防护设计完成后应进行必要的验证,即在获得超高速撞击试验及数值仿真结果基础上开展风险评估验证;

b. 新型防护结构、防护材料或未经验证的试件应进行试验验证;

c. 风险评估应按《航天器空间碎片撞击风险评估程序》(QJ 20134 - 2012)进行。

2. 超高速撞击试验验证要求

1) 超高速撞击试验一般要求

a. 试验验证的弹丸一般为球形,试件一般采用初样或正样同批次的产品,特殊情况可采用缩比试件;

b. 对于存在撞击极限拐点的试件,应重点针对拐点开展试验设计和试验;

c. 试验验证应给出试件的撞击极限曲线或撞击极限方程。

2) 超高速撞击试验应满足以下几点

a. 弹丸和弹托分离完整;

b. 弹丸在撞击试件前完整、无变形;

c. 试验速度测量不确定度不大于 1%;

d. 试验标定速度应在设计速度的 ±0.2 km/s 范围内;

e. 详细准确记录试件的损伤参数。

3) 撞击极限值的判定条件

a. 确定撞击极限值的两个试验点的弹丸直径差一般不超过较小弹丸直径的 15%;

b. 确定撞击极限值的两个试验点的试验速度差值的绝对值小于 0.2 km/s;

c. 同时满足 a 和 b 条件才能确定为撞击极限值。临界速度为两个试验点速度的平均值;临界粒子直径为两个试验点弹丸直径的平均值。如试件在直径为 5.1 mm 铝球、撞击速度为 6.82 km/s 正撞击下明显不失效,而试件在直径为 5.5 mm 铝球、撞击速度为 6.84 km/s 正撞击下明显失效,则试件在 6.83 km/s 正撞击下的撞击极限值为 5.3 mm。

参考文献

[1]   闫军,郑世贵,韩增尧.天宫一号空间碎片防护设计与实践[J].中国科学：技术科学,
2013,43(5),478－486.

[2]   闫军,郑世贵,于伟,等.空间站的碎片防护设计与实践[J].空间碎片研究,2021,21(2),
1－9.

[3]   闫军,郑世贵.填充式防护结构填充层撞击特性研究[J].载人航天,2013,19(1),10－14.

[4]   韩海鹰,郑建东,黄家荣,等.增强型 MLI 碎片防护能力的超高速撞击试验研究[J].宇航
学报,2012,33(1),140－144.

[5]   韩增尧,闫军,徐春凤.航天器对空间碎片防护设计要求：QJ20129－2012[S].北京：国家
国防科技工业局,2013.

彩 图

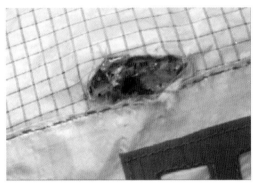

图 1-3 俄罗斯曙光号控制舱的热毯损伤

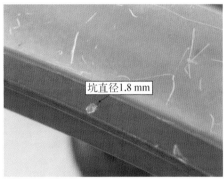

坑直径1.8 mm

图 1-4 国际空间站气闸舱扶手上的撞击坑

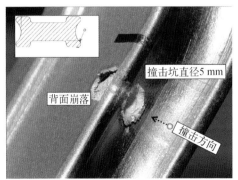

撞击坑直径5 mm

背面崩落

撞击方向

图 1-5 国际空间站 EVA-D
扶手上的撞击坑

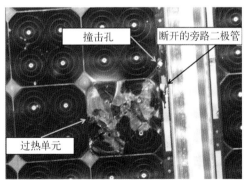

撞击孔

断开的旁路二极管

过热单元

图 1-6 国际空间站上太阳电池板
遭受空间碎片撞击

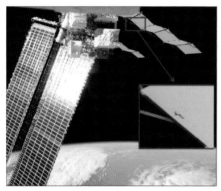
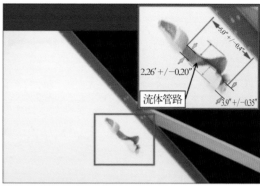

图 1‑7　国际空间站 P4 光伏辐射器上的撞击

图 1‑8　国际空间站交会对接口 PMA2 防护盖的撞击点

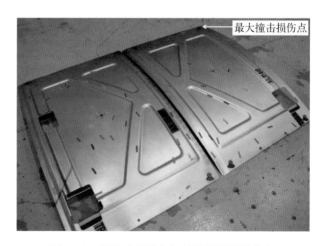

图 1‑9　国际空间站气闸舱防护板的撞击点

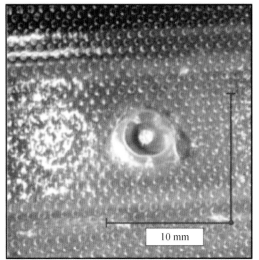

图 1 - 17　航天飞机 STS - 128 任务后
辐射器管路盖板的撞击坑

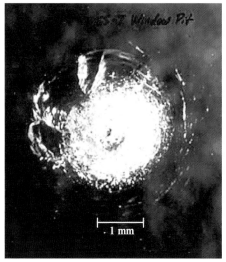

图 1 - 18　STS - 7 任务后舷窗的撞击损伤

图 1 - 19　STS - 50 任务后舷窗的损伤裂纹 (7.2 mm)

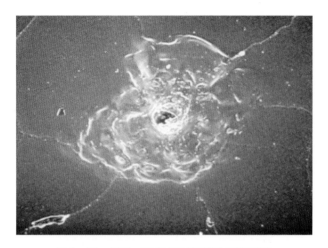

图 1－20　STS－97 任务后舷窗的损伤裂纹

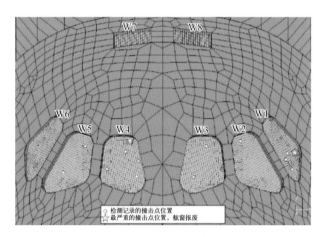

图 1－21　STS－114 任务后舷窗玻璃上的撞击位置分布

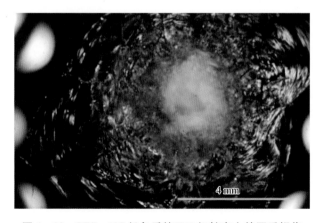

图 1－22　STS－125 任务后航天飞机舷窗上的严重损伤

图 1‑23　STS‑45 任务后航天飞机右翼前缘的损伤沟槽

图 1‑24　STS‑122 任务后航天飞机防热瓦上 13 个撞击坑之一

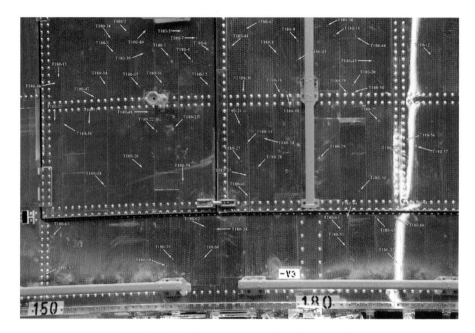

图 1 - 28　哈勃空间望远镜壳体上的撞击损伤

图 1 - 29　哈勃空间望远镜天线上的穿孔

正面：
放大倍数：40
竖线间距：1.2 mm

背面：
放大倍数：80~100

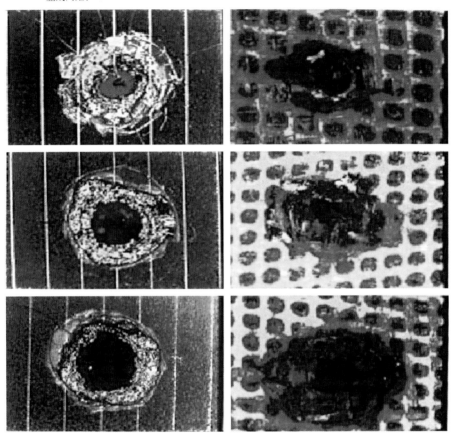

图 1 - 30　哈勃空间望远镜太阳翼上的穿孔

图 1 - 31　哈勃空间望远镜太阳翼的弹簧发生断裂图

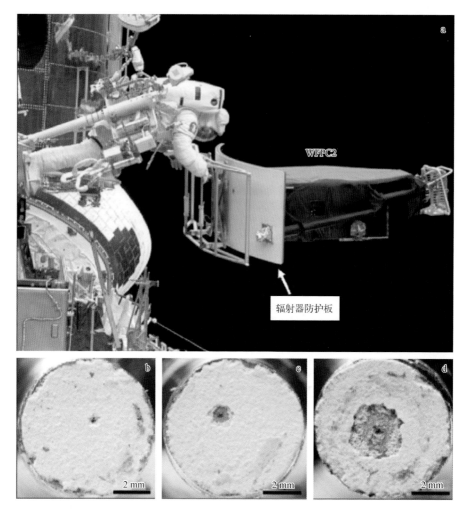

图 1–32　宇航员更换哈勃空间望远镜的宽视场行星相机 2 号

图 1–33　哈勃空间望远镜宽视场行星相机 2 号上辐射器的撞击坑

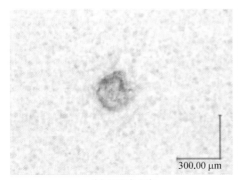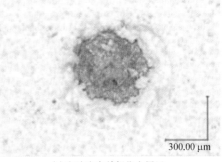

(a) 白漆未击穿　　　　　　　　　　　　　(b) 白漆击穿并损伤金属层

图 1 - 34　辐射器表面白漆损伤情况

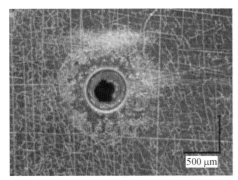

图 1 - 35　哈勃空间望远镜多层隔热板的撞击坑

图 1 - 36　美国的长期暴露装置卫星

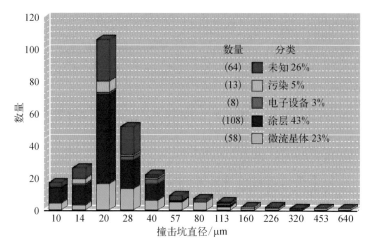

图 1-37   LDEF 表面某区域撞击坑大小及其数量的分布

图 1-38   LDEF 热毯表面的撞击损伤

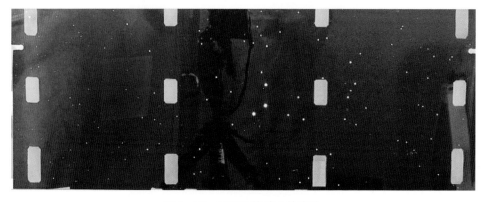

图 1-39   LDEF 热毯上的穿孔

图 1 - 40　LDEF 表面的撞击损伤之一

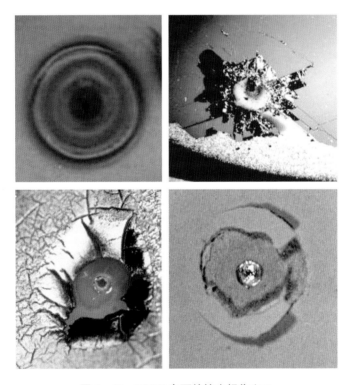

图 1 - 41　LDEF 表面的撞击损伤之二

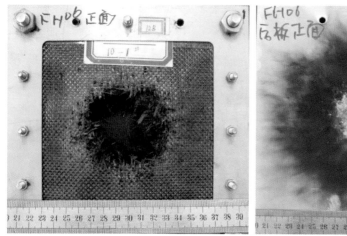
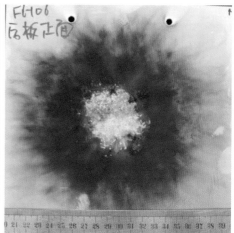

图 3‑16   某填充式防护结构填充层和后墙的撞击情况(铝弹丸 $d = 4.22$ mm, $V = 5.9$ km/s)

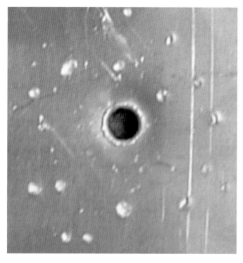
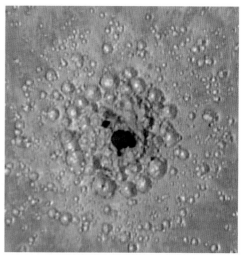

图 3‑18   弹道区后墙的穿孔破坏   　　　　图 3‑19   破碎区后墙的穿孔破坏

$d = 4.89$ mm, $V = 2.10$ km/s   　　　　　　$d = 4.98$ mm, $V = 5.00$ km/s

表 4-1 空间碎片对不同部组件撞击效应及影响

部组件类型	撞 击 效 应	图 示	影 响
太阳电池阵	光学特性变化、物理损伤（栅格损伤），串联电阻增大或半导体 PN 结损伤，并联电阻减小，等离子体引发电弧放电，引起电池片瞬时放电、短时放电、持续放电，电弧热量碳化绝缘层，产生永久短路、通路		整翼或局部放电、供电功能降级、失效
舱外光学敏感器、航天器舱体表面的热控涂层	毫米级及以上撞击引起部组件结构损伤、功能降级，毫米级以下碎片撞击产生成坑、沙蚀或"磨砂"效应		系统功能衰退和寿命减短
电池模块	电池温升、燃烧、破裂、破碎解体		储能、供电功能降级失效
推进气瓶、贮箱等压力容器	成坑、穿孔、爆炸		工质泄漏，舱体解体

续　表

部组件类型	撞击效应	图　示	影　响
流体管路	管体破裂、管路堵塞		推进剂泄漏,姿态与轨道控制功能降级
功率和数据电缆	电缆外皮成坑、剥离,导线切断,引起短路或断路;传输信号呈现不同程度失真、衰减或错误		配电功能降级、失效;信息采集、传输、处理功能降级失效
电子类设备	供电电压消失、瞬时断路引起的短时或永久失效		系统故障、失效

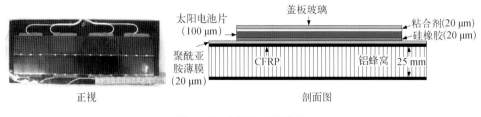

图 4-5　太阳电池阵试件

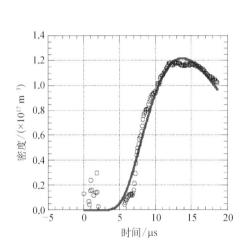

图 4-8　太阳电池片撞击实验
电子密度变化曲线

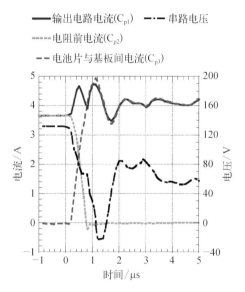

图 4-9　太阳电池片撞击实验放电
初期的电流电压

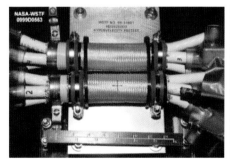

图 4-10　ISS 功率电缆(左)、射频电缆(中)和双绞线数据电缆(右)

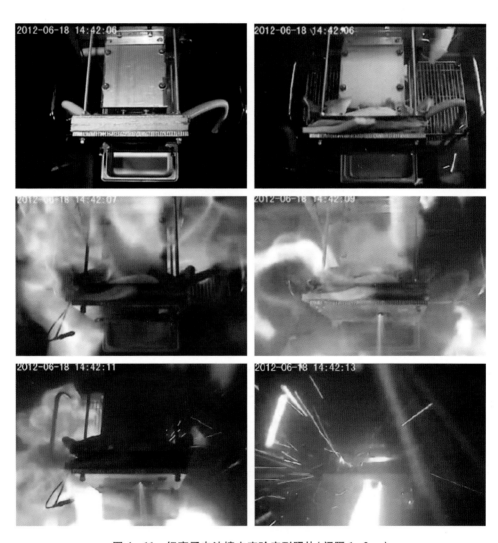

图 4 - 11　锂离子电池撞击实验序列照片(间隔 1 ~ 2 μs)

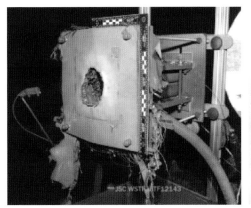

图 4-12　锂离子电池试件撞击实验后状态

图 4-14　压力容器实验构型(推进贮箱)

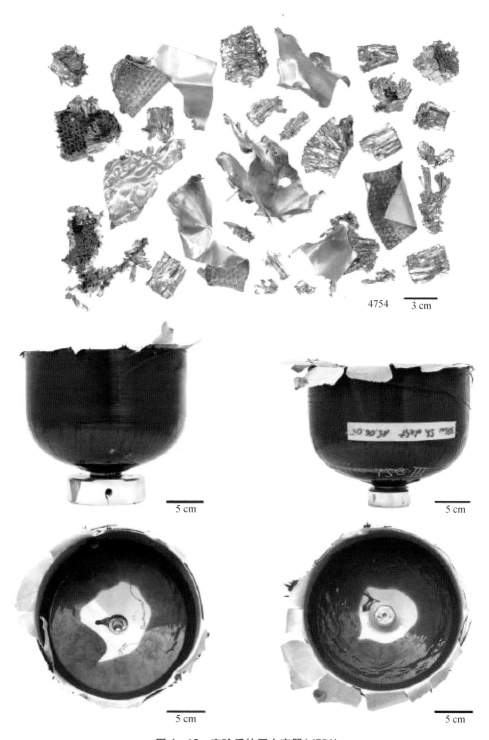

图 4-15 实验后的压力容器(4754)

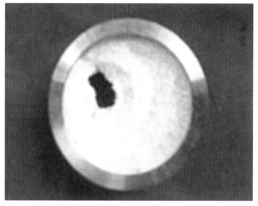
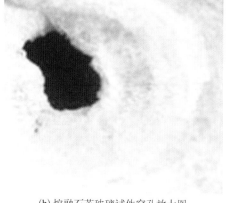

(a) 熔融石英玻璃试件穿孔 　　　　(b) 熔融石英玻璃试件穿孔放大图

图 4 - 17　2.8 km/s 铝弹丸(3 mm)穿透熔融石英玻璃

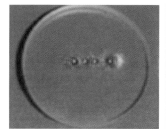
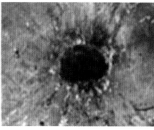

(a) 激光飞片撞击 K9 玻璃　　　(b) K9 玻璃损伤共焦　　　(c) K9 玻璃损伤共焦激光
　　　损伤图　　　　　　　　　激光扫描图　　　　　　　扫描结果放大图

图 4 - 18　激光飞片(1 mm)撞击下 K9 玻璃典型损伤特征

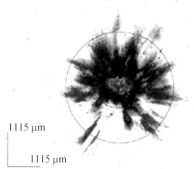

1115 μm

1115 μm

(a) 撞击试验试片　　　　　　　　(b) 撞击试验试片放大图

图 4 - 19　OSR 撞击实验结果

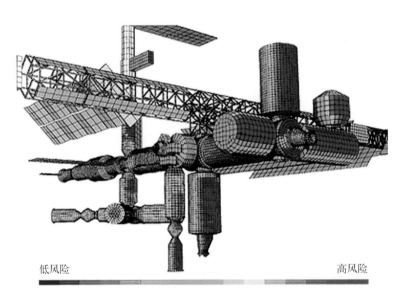

低风险　　　　　　　　　　　　　　　　　高风险

图 5-5　国际空间站空间碎片撞击风险